动力扰动散射与围岩应力分析

Scattering of Dynamic Perturbations and Response of Surrounding Rocks

陶 明 著

中南大学出版社
www.csupress.com.cn
·长沙·

图书在版编目(CIP)数据

动力扰动散射与围岩应力分析 / 陶明著. —长沙：
中南大学出版社，2021.9

（中南大学资源与安全工程学院"双一流"学术文库）

ISBN 978-7-5487-4649-2

Ⅰ. ①动… Ⅱ. ①陶… Ⅲ. ①围岩应力（地下工程）—
分析 Ⅳ. ①TU457

中国版本图书馆 CIP 数据核字（2021）第 188351 号

动力扰动散射与围岩应力分析

DONGLI RAODONG SANSHE YU WEIYAN YINGLI FENXI

陶明 著

□责任编辑	伍华进	
□责任印制	唐 曦	
□出版发行	中南大学出版社	
	社址：长沙市麓山南路	邮编：410083
	发行科电话：0731-88876770	传真：0731-88710482
□印　　装	湖南省众鑫印务有限公司	

□开　　本　710 mm×1000 mm 1/16　□印张 13　□字数 262 千字

□互联网+图书　二维码内容　图片 22 张

□版　　次　2021 年 9 月第 1 版　□印次 2021 年 9 月第 1 次印刷

□书　　号　ISBN 978-7-5487-4649-2

□定　　价　68.00 元

序言 / Preface

　　孔洞周边静态应力分布研究的历史已逾百年。1898 年，G. Kirsch 首次完整地给出了基于弹性力学原理的静态应力集中数学表达。弹性波穿过孔洞引起的动态应力集中问题的研究较之稍晚，直至二十世纪中期才提出。动态应力集中由波衍射和散射导致，动态应力集中的成果不仅可以应用于地下防爆结构研究，还可以在声学、机械、复合材料以及断裂理论等领域中得以应用。有关于地下结构围岩应力分析的先行著作：如陈子荫教授所著《围岩力学分析中的解析方法》，主要侧重于围岩静应力分析；Pao 和 Mow 所著的 *Diffraction of Elastic Waves and Dynamic Stress Concentrations*，则倾向于弹性体中的稳态应力波衍射问题的求解，其结果难以直接应用于爆破等瞬态工程扰动问题。本书立足于岩土工程背景，主要介绍应力波遇孔洞散射产生的动态应力集中与围岩破坏特征。

　　作者对动态应力集中问题的关注始于 2011 年秋季，当时在阿德莱德大学和钱乾博士一起探讨了孔洞周边静应力分布问题，由此了解到深部硐室周边的应力非均匀分布特征。随后，作者研究了外界动力加载和深部硐室围岩初始应力的组合作用特征，并在期刊 *Computer and Geotechnics*（2013）上发表了一篇文章。此文虽能较好地解释深部硐室围岩非常规破坏现象，但只考虑了动载荷直接作用于掌子面上的情况，没有考虑动力扰动穿过硐室引起的围岩动力响应问题。随着资源开采与工程建设往深部发展，尤其在导师李夕兵教授"动静组合加载"学术思想的影响下，作者逐渐意识到应力波入射深部硐室的力学作用机制应为考虑初始应力的波散射问题，然而，却未发现有相关文献对此进行了深入探究。考虑到此问题的重要性，作者经多方探索，于 2014 年初建立了考虑初始应力的波散射定解条件，并于后续数年中尝试了多种数学方法，但始终无法求得闭合解，所面临的最大困难是控制方程中的待定系数是与位置坐标有关的函数，因而彼此之间无法解耦，亦无法进行变量分离。后来，作者采用了折中办法，即利用中南大学 Hopkinson 杆动静组合平台，设计了有孔洞试样的岩石冲击试验。结合不考虑初始应力的理论计算，发现动静应力集中叠加区是孔洞围岩破坏的高发区，故直至 2017 年才在 *International Journal of Rock Mechanics and Mining Sciences* 期刊上发表了有关动态应力集中的首篇文章，其部分内容在本书第 5 章作了介绍。

近半个世纪以来，有关动态应力集中的研究大多围绕稳态响应而展开，即入射扰动以谐波形式传播，是既无起始时间也无终止时间的运动。对于力或力源非周期性和突然施加于物体时产生的所谓瞬态响应则少有涉及，少数既有瞬态响应研究大多针对单位瞬态子波，无法与工程实践产生直接联系。基于此，作者通过对典型爆破、地震等动力扰动的频谱分析，构建了能反映其动力学特性的函数，并分别利用波函数展开法与复变函数法求得了无限域、半无限域情况下的瞬态响应，获得了能反应工程扰动实际的孔洞围岩动态应力集中分布特征，这些内容在第 2 章、第 3 章和第 4 章分别有介绍。近年来，考虑硐室开挖过程中的塑性区，作者利用谱元法分析了开挖损伤区的存在对围岩动态应力分布的影响，并获得了巷道周边的质点速度、位移和动态应力等的分布规律和变化特征，其相关内容在本书第 6 章有详述。针对拉伸应力波极易导致脆性材料破坏的问题，作者分析了动态拉伸应力波入射作用下椭圆形孔洞周边的动态应力分布规律与围岩破坏特征，此即本书第 7 章的主要内容。

这些年来，作者在动态应力集中方面仅做了非常有限的工作，前期的成果大多以英文文章发表，为了使更多同行了解此工作，故萌生了出版本书的想法。执笔过程幸得导师李夕兵教授，以及曹文卓博士、易长平博士等多位同行大力支持。同时，学生李占文、赵瑞、罗豪、赵华涛、马敖、姚靖等亦有所助力，在此表示感谢。由于作者水平有限，书中不足之处难以避免，望读者朋友批评指正。

陶 明

岳麓山下

2021 年 7 月 1 日

目录 / Contents

第 1 章　数学物理方法与弹性波基础理论

1.1　数学物理方程

数学物理方程(数理方程)是指物理问题中导出的反映客观物理量在各个地点、各个时刻之间相互制约关系的一些偏微分方程(有时也包括常微分方程和积分方程),换而言之,它是物理过程的数学表达式。数理方程是以物理学与工程技术中的具体问题作为研究对象的,简单地说,它是把对物理问题的研究"翻译"为对数学问题的研究。

数理方程一方面紧密地、直接地联系着物理学中的许多问题,另一方面它又要广泛地运用数学中许多部门的成果,所以,它成为数学理论与物理学的实际问题之间的桥梁。数理方程一般按照所代表的物理过程(或状态)可分为三类:描述振动和波动特征的波动方程、反映输运过程的扩散(或热传导)方程和描述稳定过程(或状态)的泊松(Poisson)方程。本书只讨论描述振动和波动特征的波动方程,其基本形式如下:

$$u_{tt} = a^2 \Delta u + f \tag{1.1.1}$$

其中 $u=u(x, y, z; t)$ 代表平衡时坐标为 (x, y, z) 的点在 t 时期的位移(未知函数),a 是波传播的速度,$f=f(x, y, z; t)$ 是与源有关的已知函数,Δ(或记作 ∇^2)是拉普拉斯(Laplace)算符(简称拉氏算符)

$$\Delta = \frac{\partial^2}{\partial x^2} + \frac{\partial^2}{\partial y^2} + \frac{\partial^2}{\partial z^2} \tag{1.1.2}$$

而

$$u_{tt} = \frac{\partial^2 u}{\partial t^2} \tag{1.1.3}$$

数学物理方程从导出到完整解答一般包括三个步骤:提出定解问题、求解和分析解答。所谓定解问题包括数理方程本身和定解条件，同一类事物可由一类方程来描述，方程本身只包括了解决问题的一般规律（即共性问题），如波动方程只是提供了波运动的整体规律，而定解条件提供了解决问题的具体条件，二者作为一个整体称为定解问题。一个定解问题，若其解是存在、唯一而且稳定的，就称为是适定的（即在物理上是适当而确定的）。下面将简单介绍定解条件。

1.2 物理方程的求解

1.2.1 定解条件

在推导方程时我们总是选取物体内部不包含端点或者边界的一小部分来讨论其运动而导出方程的。即，所得到的方程只反映物体内各部分的运动相互之间的联系。从物理学的角度来看，仅有方程还不足以确定物体的运动，因为物体的运动还与起始状态以及通过边界所受到的外界作用有关。另外，从数学的角度来看，一个微分方程的通解中往往含有若干个任意常数或者任意函数，这就使得其解不能唯一确定。为了得到唯一确定的合理解，我们必须根据不同的实际问题加上相应的条件来确定这些任意常数的数值和任意函数的形式。这些附加条件，就是初始条件和边界条件，统称它们为定解条件。

$$u(x, y, z; t)\big|_{t=0} = \varphi(x, y, z) \tag{1.2.1}$$

和初始速度

$$u_t(x, y, z; t)\big|_{t=0} = \psi(x, y, z) \tag{1.2.2}$$

其中 $\varphi(x, y, z)$ 和 $\psi(x, y, z)$ 是已知函数。如，一根长为 l 而两端固定的弦，用手把它的中点横向拨开距离 h（图1-1），然后放手任其振动，则其初始条件为：

图1-1　弦的振动

$$\begin{cases} u(x, t)\big|_{t=0} = \begin{cases} (2h/l)x & 0 \leqslant x \leqslant l/2 \\ (2h/l)(l - x) & l/2 \leqslant x \leqslant l \end{cases} \\ u_t(x, t)\big|_{t=0} = 0 \end{cases} \tag{1.2.3}$$

1.2.2 边界条件

由于泛定方程中的未知函数均是空间位置的函数，这必然反映连续体的物理量在某一位置的取值与其相邻位置的取值之间的关系。这种关系延伸到被研究区域的边界，将与边界状况发生联系，即边界状况将通过逐点影响我们所要讨论的整个区域。所以，我们在求解方程时必须考虑边界状况。我们称物理过程边界状况的数学表达式为边界条件。边界条件主要有以下三类：

(1)第一类边界条件，又称为狄利克雷条件。它给出了未知函数在边界上的值，用形如 $x=a$ 的形式表示边界即

$$u|_{x=a} = f(M, t) \tag{1.2.4}$$

其中 M 代表区域边界上的变点，$f(M, t)$ 是已知函数（下面也均一样）。

(2)第二类边界条件，又称为诺依曼条件，它给出了未知函数在边界上的法线方向的导数之值，即

$$u_n|_{x=a} = f(M, t) \tag{1.2.5}$$

(3)第三类边界条件，又称为混合边界条件。它给出了未知函数和它的法线方向上的导数的线性组合在边界上的值，即

$$(u + hu_n)|_{x=a} = f(M, t) \tag{1.2.6}$$

当然，边界条件并不仅限于以上三类，还有各种各样的边界条件，有时甚至是非线性的边界条件。比如，在热传导问题中有辐射条件：

$$-\frac{\partial u}{\partial n}u\bigg|_{x=a} = C(u^4|_{x=a} - u_0^4) \tag{1.2.7}$$

其中 C 是一个常数，u_0 是外界温度，u 和 u_0 都是绝对温标。此外，除了初始条件和边界条件外，有些具体的物理问题还需附加一些其他条件才能确定其解。

1.2.3 其他条件

在研究具有不同媒质的问题中，这时方程的数目增多，除了边界条件外，还需加上不同媒质界面处的衔接条件。如，用两根不同质料的杆接成的一根杆的纵振动问题，在连接处位移相等，应力也相等，故在连接点 $x=x_0$ 应满足下列衔接条件

$$\begin{cases} u_1|_{x=x_0} = u_2|_{x=x_0} \\ E_1\dfrac{\partial u_1}{\partial x}\bigg|_{x=x_0} = E_2\dfrac{\partial u_2}{\partial x}\bigg|_{x=x_0} \end{cases} \tag{1.2.8}$$

其中，$u_1=u_1(x, t)$ 和 $u_2=u_2(x, t)$ 分别代表杆的两部分位移，E_1 和 E_2 分别为两部分的杨氏模量。

在某些情况下，由于物理上的合理性等原因，要求解为单值、有限，提出所

谓自然边界条件。这些条件通常都不是要研究的问题直接明确给出的，而是根据解的特性要求自然加上去的，故称为自然边界条件，如，欧拉方程：

$$x^2 y'' + 2xy' - l(l+1)y = 0 \qquad (1.2.9)$$

的通解是

$$y = Ax^l + Bx^{-(l+1)} \qquad (1.2.10)$$

在区间 $[0, a]$ 中，由于自然边界条件

$$y|_{x=0} \to \text{limit} \qquad (1.2.11)$$

从而在 $[0, a]$ 中其解应表示为

$$y = Ax^l \qquad (1.2.12)$$

1.3 弹性体波分类

物体在受到静态荷载和动态荷载时的力学响应是有很大差别的。例如，子弹打中目标时，留下蘑菇状的变形。Hopkinson 系统中，子弹冲击岩石试样，岩石远端先发生破裂，等等。从本质上来讲，这是由于在动载荷作用下，介质微元处于随时间迅速变化的动态过程中。此时，根据达朗贝尔原理，微元的惯性力必须计入考虑。

当材料的部分表面受到冲击荷载时，局部的平衡关系被打破，部分质点离开平衡位置从而产生了与周边质点的相对运动，并使周边质点受到应力作用也发生相对滞后的运动。因此，这种局部扰动得以以应力波形式扩散。

波动传播过程中，振动相位相同的质点组成的面为波阵面，其传播速度即为波速。此速度与质点受扰动产生的运动速度需要加以区分。对应力波速进行矢量分解，与质点运动方向一致的为纵波（P 波）分量，而与质点运动方向垂直的为横波（S 波）分量，其中按偏振方向又分为 SV 波与 SH 波分量。

材料的力学行为对于冲击荷载的应变率敏感，但其敏感程度视材料而异。在一定假设条件下，材料的本构关系可视为与应变率无关，在此基础上建立起的应力波理论称为应变率无关理论，而根据应力应变关系，应力波可分类为线弹性波、非线弹性波、塑性波等[1]。我们知道，在变形量较小时，岩石材料可看作线弹性材料。因此，本书所研究的应力波也属于线弹性波范畴。

应力波又分为体波和面波。本书主要研究体波，体波根据质点振动方向的不同可以分为纵波（P 波）和横波（S 波），其中 S 波又可分 SH 波和 SV 波，如图 1-2 所示，根据波阵面的不同可以分为平面波、柱面波和球面波。

我们知道，通过波动方程进行变量分离得到波函数的空间分量由 Helmholtz 方程[2]决定。

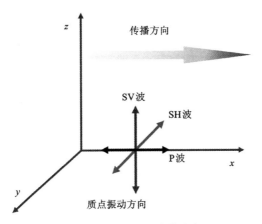

图 1-2　P 波和 S 波的分类

$$\nabla^2 S + k^2 S = 0 \qquad (1.3.1)$$

式中，$k = \omega/c$ 表示波数。

1）平面波

当波源距离较远时，波阵面曲率较小，此时可将其近似看作一平面。在笛卡尔直角坐标系(x, y, z)中，假设应力波波阵面垂直于 xy 平面，且其在 xy 平面上的投影的法向量与 x 轴呈 θ_0 角。对 S 进行关于 x 和 y 的分离变量，并对波阵面的传播速度进行矢量分解。

$$S = S_1(x) \cdot S_2(y) \qquad (1.3.2)$$

$$\begin{cases} k_x = k\cos\theta_0 \\ k_y = k\sin\theta_0 \end{cases} \qquad (1.3.3)$$

代入式（1.3.3），易得到方程的解为

$$S(x, y) = A\mathrm{e}^{\mathrm{i}k(x\cos\theta_0 + y\sin\theta_0)} \qquad (1.3.4)$$

表示在柱坐标系中，则有

$$S(r, \theta) = A\mathrm{e}^{\mathrm{i}kr\cos(\theta - \theta_0)} \qquad (1.3.5)$$

式中，A 为任意常数。

2）柱面波

当应力波源为一线源时，波阵面以柱形向外传播[3]。在柱坐标系(θ, r, z)中，假定波阵面垂直于 θ-r 平面。由于柱面波关于原点呈轴对称，其空间函数 S 与 θ 无关，故 Helmholtz 方程退化为

$$\frac{\partial^2 S}{\partial r^2} + \frac{1}{r}\frac{\partial S}{\partial r} + k^2 S = 0 \qquad (1.3.6)$$

令 $\rho = kr$，则有

$$\frac{\partial^2 S}{\partial \rho^2} + \frac{1}{\rho}\frac{\partial S}{\partial \rho} + S = 0 \tag{1.3.7}$$

式(1.3.7)为零阶贝塞尔方程。由于四类柱函数两两线性无关，选择其中任意两个就可组成方程的完备解系。而在冲击问题中，为了物理意义的明确，柱面波一般选用从原点向外传播的行波分量 $H_0^{(1)}(kr)$ 来表示，故方程的解为

$$S(r, \theta) = AH_0^{(1)}(kr) \tag{1.3.8}$$

式中，A 为任意常数。

3）球面波

当应力波源为一点源时，其等相位波阵面为同心球面。在球坐标 (r, θ, φ) 中，考虑应力波位移势只与径向距离相关，所以 Helmholtz 方程可退化展开为

$$\frac{1}{r^2}\frac{\partial}{\partial r}\left(r^2 \frac{\partial S}{\partial r}\right) + k^2 S = 0 \tag{1.3.9}$$

式(1.3.9)为零阶球贝塞尔方程，令

$$\begin{cases} \rho = kr \\ \gamma = \sqrt{\dfrac{2\rho}{\pi}} S \end{cases} \tag{1.3.10}$$

代入式(1.3.9)可得

$$\frac{\partial^2 \gamma}{\partial \rho^2} + \frac{1}{\rho}\frac{\partial \gamma}{\partial \rho} + \left[1 - \left(\frac{1}{2x}\right)^2\right]\gamma = 0 \tag{1.3.11}$$

上式为 1/2 阶贝塞尔方程，取其两个线性无关解 $H_{1/2}^{(1)}(kr)$，$H_{1/2}^{(2)}(kr)$。故式(1.3.11)的两个线性无关解为 $(2kr/\pi)^{-1/2}H_{1/2}^{(1)}(kr)$ 与 $(2kr/\pi)^{-1/2}H_{1/2}^{(2)}(kr)$。依据贝塞尔函数的初等函数表达式[4]，又可以表示为零阶球汉克尔函数

$$\begin{cases} h_0^{(1)}(kr) = -\dfrac{i}{kr}e^{ikr} \\ h_0^{(2)}(kr) = -\dfrac{i}{kr}e^{-ikr} \end{cases} \tag{1.3.12}$$

此处考虑球面波为由点源激发，向外均匀扩张，故选用第一类球汉克尔函数分量，故方程的解为

$$S(r, \theta, \varphi) = \frac{A}{kr}e^{ikr} \tag{1.3.13}$$

式中，A 为任意常数。

1.4　波动方程的简化

静力学中假定了物体的任意微元都处于静力平衡状态，因此物体中的应力应变关系只与物体坐标有关，而与时间无关。在动力学分析中我们仍然假定物体的变形是微小的，则物体质点运动控制方程可由质量守恒定律和广义虎克定理得到。在线弹性系统中，考虑坐标中任意微元的位移分量为：u、v、w，不考虑物体中的体积力，如图 1-3 所示，

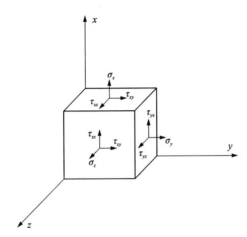

图 1-3　直角坐标系中的应力分量

则由达朗贝尔定理，可得单位体积微元所受的惯性力为：

$$-\rho\frac{\partial^2 u}{\partial t^2} \qquad -\rho\frac{\partial^2 v}{\partial t^2} \qquad -\rho\frac{\partial^2 w}{\partial t^2} \qquad (1.4.1)$$

其中 ρ 为物体的密度，将惯性力代入平衡微分方程并联立几何方程和物理方程，于是得到如下的弹性动力学基本方程[5]：

$$(\lambda + \mu)\nabla\nabla\cdot u + \mu\nabla^2 u = \rho\ddot{u} \qquad (1.4.2)$$

按照 Helmholtz 定理，任何一个矢量场都可以表示成一个标量场 φ 的梯度与一个矢量场 $\boldsymbol{\psi}$ 的旋度之和

$$u = \nabla\varphi + \nabla\times\boldsymbol{\psi}, \ \nabla\cdot\boldsymbol{\psi} = 0 \qquad (1.4.3)$$

式中，φ 和 $\boldsymbol{\psi}$ 分别是标量和矢量的位移势，将式(1.4.3)代入式(1.4.2)得

$$\nabla\left[(\lambda + 2\mu)\nabla^2\varphi - \rho\ddot{\varphi}\right] + \nabla\times\left[\mu\nabla^2\boldsymbol{\psi} - \rho\ddot{\boldsymbol{\psi}}\right] = 0 \qquad (1.4.4)$$

其中，式(1.4.4)成立的条件是

$$\begin{cases} c_p^2 \nabla^2 \varphi = \ddot{\varphi}, \ c_p^2 = (\lambda + 2\mu)/\rho \\ c_s^2 \nabla^2 \boldsymbol{\psi} = \ddot{\boldsymbol{\psi}}, \ c_s^2 = \mu/\rho \end{cases} \quad (1.4.5)$$

式中,c_p 为 φ 波波速,c_s 为 $\boldsymbol{\psi}$ 波波速。从该式可以发现,该式中的标量位移势 φ 和矢量位移势 $\boldsymbol{\psi}$ 分别满足一个标量波动方程和一个矢量波动方程。

根据完备性定理可知,波速为 c_p 的 φ 波和波速为 c_s 的 $\boldsymbol{\psi}$ 波是应力波在弹性固体中传播的主要两种形式。其中,φ 波称为 P 波,$\boldsymbol{\psi}$ 波称为 S 波,且 c_p 恒大于 c_s[6]。在材料力学中经常将这两种波的波速视为材料的泊松比 ν 的函数,在弹性动力学中通常将材料的泊松比用单独的符号 κ 表示为

$$\kappa = \frac{c_p}{c_s} = \sqrt{\frac{\lambda + 2\mu}{\mu}} \quad (1.4.6)$$

式中 Lame 常数 λ 和 μ 可以根据岩石的变形模量 E 和泊松比 ν 分别表示为

$$\begin{cases} \lambda = \dfrac{E\nu}{(1+\nu)(1-2\nu)} \\ \mu = \dfrac{E}{2(1+\nu)} \end{cases} \quad (1.4.7)$$

1.5 波动方程的分离变量解

为求解式(1.4.5)的矢量弹性波动方程,此处引入 Helmholtz 方程[7],即假设弹性波动方程的解是关于空间 S 和时间 T 的函数,并将解的形式记为

$$\varphi(x_j, t) = u(x_j)T(t) \quad (1.5.1)$$

将式(1.5.1)代入式(1.4.5)并根据波动方程和热传导方程可以得到 $u(x_j)$ 的方程

$$\nabla^2 u(x_j) + k^2 u(x_j) = 0 \quad (1.5.2)$$

上式即为 Helmholtz 方程,式中,$k = \omega/c$ 为分离常数。另外,时间函数 $T(t)$ 的方程可以分别表示为

$$\begin{cases} \ddot{T}(t) + k^2 \alpha^2 T(t) = 0 \\ \dot{T}(t) + k^2 \alpha^2 T(t) = 0 \end{cases} \quad (1.5.3)$$

上式为贝塞尔函数,其解是两个关于时间的 $e^{i\omega t}$ 和 $e^{-i\omega t}$ 解,令 $\omega = k\alpha$,则式(1.5.1)的形式可以记为

$$\varphi(x_j, t) = u(x_j)e^{\pm i\omega t} \quad (1.5.4)$$

式(1.5.4)就是时间简谐波的一般表达式,ω 表示时间简谐波的圆频率。

1.5.1　直角坐标方程

通过 Helmholtz 方程分离波动方程时，必须在给定空间位置的坐标系中进一步讨论，根据不同的工程实践情况，常用的空间坐标系主要有四种，即直角坐标系、圆柱坐标系、椭圆柱坐标系和球坐标系。

在平面直角坐标系中，假设空间函数 u_{x_j} 只与一个直角坐标分量有关，此处分析 x 方向分量，则方程(1.5.2)可以表示为如下形式

$$\frac{d^2 u(x_j)}{dx^2} + k^2 u(x_j) = 0 \tag{1.5.5}$$

式(1.5.5)的两个相互独立的解为：$u(x) = e^{\pm ikx}$，将其与时间因子 $e^{\pm i\omega t}$ 组合，得到波动方程(1.4.4)在平面坐标系中的解为

$$\varphi(x, t) = A e^{\pm i(kx \pm \omega t)} \tag{1.5.6}$$

式(1.5.6)为简谐波函数，表示了两种传播方向相反的平面波，常数 A 为简谐波的振幅。

1.5.2　圆柱坐标方程

在圆柱坐标系中，直角坐标系与柱坐标系之间的转换关系(图 1-4)可以表示为

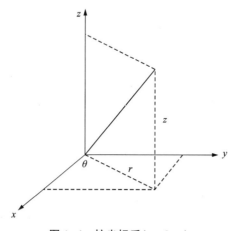

图 1-4　柱坐标系 (r, θ, z)

$$\begin{cases} x = r\cos\theta \\ y = r\sin\theta \\ z = z \end{cases} \tag{1.5.7}$$

上式是过 r 和 θ 标记 x-y 平面的坐标系, 假设 u_{x_j} 与直角坐标的 z 分量无关。在柱坐标系 (r, θ, z) 下, 式(1.5.2)可以表示成

$$\frac{\partial^2 u(x_j)}{\partial r^2} + \frac{1}{r} \frac{\partial u(x_j)}{\partial r} + \frac{1}{r^2} \frac{\partial^2 u(x_j)}{\partial \theta^2} + k^2 u(x_j) = 0 \qquad (1.5.8)$$

在轴对称情况下, u_{x_j} 仅与极径 r 有关。则式(1.5.8)可以进一步简化为

$$\frac{d^2 u(x_j)}{dr^2} + \frac{1}{r} \frac{du(x_j)}{dr} + k^2 u(x_j) = 0 \qquad (1.5.9)$$

式(1.5.9)是以 kr 为宗量的零阶贝塞尔方程, 有两个线性无关解为 $H_0^{(1)}(kr)$ 和 $H_0^{(2)}(kr)$, 两个线性无关解与时间因子 $e^{\pm i\omega t}$ 的组合即为时间谐和柱面波解。当 r 很大时, 汉克尔函数的渐进表达式为

$$\begin{cases} H_0^{(1)}(kr) = \sqrt{2/(\pi kr)}\, e[i(kr - \pi/4)] + o(r^{-3/2}) \\ H_0^{(2)}(kr) = \sqrt{2/(\pi kr)}\, e[i(kr - \pi/4)] + o(r^{-3/2}) \end{cases} \qquad (1.5.10)$$

从上式可以看出:

(1)当 r 很大时, 柱面波与平面波有相似的表达形式, 即在原点很远处可以把柱面波波阵面近似看成平面波;

(2) $H_0^{(1)}(kr) e^{-i\omega t}$, $H_0^{(1)}(kr) e^{i\omega t}$ 表示波从波源中心向外发散, 即发散波;

(3) $H_0^{(2)}(kr) e^{-i\omega t}$, $H_0^{(2)}(kr) e^{i\omega t}$ 表示波从无穷远处朝某一点汇聚, 即汇聚波;

(4) $r^{\frac{1}{2}}$ 为几何扩散引起的柱面波的振幅衰减因子。

在非对称问题中, 可以将式(1.5.8)对 r 和 θ 进行分离变量求解, 从而得到空间变量的函数表现为相应的径向函数和角度函数乘积的级数叠加形式[8]。

1.5.3 椭圆柱坐标方程

椭圆坐标系由众多共焦椭圆和双曲线组成, 如图 1-5 所示。焦距是 $2a$, 平面直角坐标系 (x, y) 到椭圆坐标系 (ξ, η) 的变换定义为:

$$\xi + i\eta = \cosh^{-1}[(x + iy)/a] \qquad (1.5.11)$$

在式(1.5.11)中, 设两边的虚部和实部分别相等, 则可以得到如下坐标变换关系:

$$\begin{cases} x = \cosh\xi\cos\eta & 0 < \xi < \infty \\ y = \sinh\xi\sin\eta & 0 < \eta < 2\pi \\ z = z & -\infty < z < \infty \end{cases} \qquad (1.5.12)$$

ξ 值和 η 值分别是椭圆坐标系的径向坐标和角坐标, 椭圆坐标系下的标度因子可以表示为:

$$\begin{cases} h_\xi^2 = h_\eta^2 = a^2 J^2 \\ J^2 = \cosh^2\xi - \cos^2\eta \end{cases} \qquad (1.5.13)$$

椭圆的长轴和短轴以及在椭圆坐标系中轴的比值可以表示为：

$$\begin{cases} l = a\cosh\xi \\ h = a\sinh\xi \\ \zeta = \coth\xi \end{cases} \tag{1.5.14}$$

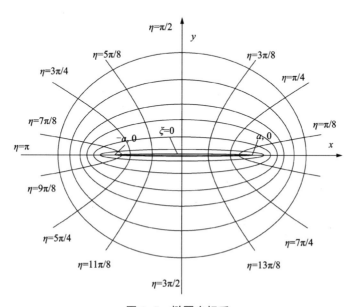

图 1-5　椭圆坐标系

在椭圆柱坐标系中，利用直角坐标系(x, y, z)与椭圆坐标系(η, ξ, z)之间的转换关系式(1.5.2)可以表示为

$$\frac{1}{a^2 J^2}\left(\frac{\partial^2 \varphi}{\partial \xi^2} + \frac{\partial^2 \varphi}{\partial \eta^2}\right) + \frac{\partial^2 \varphi}{\partial z^2} + k^2\varphi = 0 \tag{1.5.15}$$

假设u_{x_j}与直角坐标的z分量无关，式(1.5.15)可以简化为

$$\frac{1}{a^2 J^2}\left(\frac{\partial^2 \varphi}{\partial \xi^2} + \frac{\partial^2 \varphi}{\partial \eta^2}\right) + k^2\varphi = 0 \tag{1.5.16}$$

根据变量分离$\varphi(\xi, \eta) = X(\xi)Y(\eta)$，可以获得下列方程

$$X''(\xi) - [b - 2q\cosh(2\xi)]X(\xi) = 0 \tag{1.5.17}$$

$$Y''(\eta) + [b - 2q\cosh(2\eta)]Y(\eta) = 0 \tag{1.5.18}$$

式中$q = a^2 k^2/4$，b是与q相关的系数。式(1.5.17)和(1.5.18)称为角向马蒂厄方程和径向马蒂厄方程。

通过求解马蒂厄方程得到的角向马蒂厄函数和径向马蒂厄函数(又称修正马蒂厄函数)。马蒂厄函数具有周期解和非周期解，但我们只对周期解感兴趣。只

有当 q 和 b 满足一定的函数关系时，马蒂厄方程才有周期解，满足关系的 b 也叫马蒂厄函数的特征值，分别用 a_{2r}，b_{2r+2}，a_{2r+1}，b_{2r+1} 表示。

角向马蒂厄函数用傅立叶级数展开为正弦和余弦级数表示，采用如下的符号表示：

$$\begin{cases} ce_{2m}(\eta, q) = \sum_{r=0}^{\infty} A_{2r}^{2m}(q)\cos 2r & b = a_{2m} \\ se_{2m+2}(\eta, q) = \sum_{r=0}^{\infty} B_{2r+2}^{2m+2}(q)\sin(2r+2)\eta & b = b_{2m+2} \\ ce_{2m+1}(\eta, q) = \sum_{r=0}^{\infty} A_{2r+1}^{2m+1}(q)\cos(2r+1)\eta & b = a_{2m+1} \\ se_{2m+1}(\eta, q) = \sum_{r=0}^{\infty} B_{2r+1}^{2m+1}(q)\sin(2r+1)\eta & b = b_{2m+1} \end{cases} \quad (1.5.19)$$

从式(1.5.19)中不难看出，当 m 为偶数时角向马蒂厄函数 ce_{2m} 和 se_{2m+2} 周期为 π，m 为奇数时周期为 2π。

而径向马蒂厄函数则采用不同种类的柱函数表示如下[9]：

$$\begin{cases} b = a_m, \ p = 0, 1; \\ Mc_{2m+p}^{j}(\xi, q) = [ce_{2m+p}(0, q)]^{-1} \sum_{r=0}^{\infty} (-1)^{r+m} A_{2r+p}^{2m+p} C_{2r+p}^{j}(2\sqrt{q}\cosh\xi) \\ b = b_m, \ p = 1, 2; \\ Ms_{2m+p}^{j}(\xi, q) = [se'_{2m+p}(0, q)]^{-1}\tanh\xi \sum_{r=0}^{\infty} (-1)^{r+m}(2r+p) B_{2r+p}^{2m+p} C_{2r+p}^{j}(2\sqrt{q}\cosh\xi) \end{cases}$$

$$(1.5.20)$$

式中，A_r^m，B_r^m 是和 q 相关的系数，而 $j=1, 2, 3, 4$，C_m^j 表示第 j 类 m 阶柱函数，相应的马蒂厄函数叫作第 j 类径向马蒂厄函数，径向马蒂厄函数和角向马蒂厄函数在变量上只差一个虚数单位。

将角向马蒂厄函数和径向马蒂厄函数按照 $\varphi(\xi, \eta, z) = X(\xi)Y(\eta)\mathrm{e}^{\pm irz}$ 的关系综合起来，便可构造出能够满足式(1.5.15)的波函数 $\varphi(\xi, \eta, z)$。不同的综合方式可以表示不同的波形，如表 1-1 所示，表按 m 是偶整数或奇整数取 π 或 2π 作为 η 的周期，且省略了因子 $\mathrm{e}^{\pm irz}$。

表 1-1　周期性椭圆波函数 $\varphi(\xi, \eta, z)$

$b = a_m$	$b = b_m$	备注
$Mc_m^{(1)}(\xi, q)ce_m(\eta, q)$	$Ms_m^{(1)}(\xi, q)se_m(\eta, q)$	驻波

续表1-1

$b=a_m$	$b=b_m$	备注
$Mc_m^{(2)}(\xi, q)ce_m(\eta, q)$	$Ms_m^{(2)}(\xi, q)se_m(\eta, q)$	除 $\xi=0$ 外的区域里的驻波
$Mc_m^{(3)}(\xi, q)ce_m(\eta, q)e^{-i\omega t}$	$Ms_m^{(3)}(\xi, q)se_m(\eta, q)e^{-i\omega t}$	发散波
$Mc_m^{(4)}(\xi, q)ce_m(\eta, q)e^{-i\omega t}$	$Ms_m^{(4)}(\xi, q)se_m(\eta, q)e^{-i\omega t}$	汇聚波

1.5.4　球坐标方程

在球坐标系中,直角坐标系 (x, y, z) 与球坐标系 (r, θ_2, θ_1) 之间的转换关系(如图 1-6)可以表示为

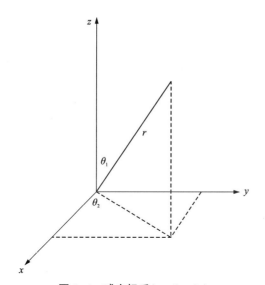

图 1-6　球坐标系 (r, θ_2, θ_1)

$$\begin{cases} x = r\sin\theta_1\cos\theta_2 \\ y = r\sin\theta_1\sin\theta_2 \\ z = r\cos\theta_1 \end{cases} \tag{1.5.21}$$

式(1.5.2)可以表示为

$$\frac{1}{r^2}\frac{\partial}{\partial r}\left[r^2\frac{\partial u(x_j)}{\partial r}\right] + \frac{1}{r^2\sin\theta_1}\frac{\partial}{\partial \theta_1}\left[\sin\theta_1\frac{\partial u(x_j)}{\partial \theta_1}\right] + \frac{1}{r^2\sin^2\theta_2}\frac{\partial^2 u(x_j)}{\partial \theta_2^2} + k^2 u(x_j) = 0$$

$$\tag{1.5.22}$$

在中心对称问题中，空间坐标函数 $S(r, \theta_2, \theta_1)$ 只与半径 r 有关，与 θ_2 和 θ_1 无关。此时，式(1.5.22)可以简化为

$$\frac{1}{r^2} \frac{d}{dr}\left[r^2 \frac{du(x_j)}{dr}\right] + k^2 u(x_j) = 0 \qquad (1.5.23)$$

式(1.5.23)的两个线性无关解分别为：$\dfrac{1}{r}e^{ikr}$ 和 $\dfrac{1}{r}e^{-ikr}$。将这两个线性无关解与时间因子 $e^{\pm i\omega t}$ 组合，可以得到时间谐和球面波，表示如下

$$\frac{1}{r}e^{\pm i(kr-\omega t)}, \quad \frac{1}{r}e^{\pm i(kr+\omega t)} \qquad (1.5.24)$$

上述两个方程分别表示扩散波和汇聚波，r^{-1} 为球面波几何扩散的振幅衰减因子。

对于非中心对称的一般情况，同样要将方程(1.5.22)对 r, θ_2, θ_1 进行分离变量，进而得出球坐标下波动方程的解。

1.6 弹性波散射一般求解方法

1.6.1 复变函数法

基于弹性动力学的基础理论，定义一均质弹性体满足质量密度为 ρ，拉梅常数 λ 和 μ 满足

$$\begin{cases} \lambda = \dfrac{E\nu}{(1+\nu)(1-2\nu)} \\[3mm] \mu = \dfrac{E}{2(1+\nu)} \end{cases} \qquad (1.6.1)$$

式中，E 表示杨氏模量，v 表示泊松比[5]。

在笛卡尔直角坐标系中，将弹性材料的本构方程、几何方程、运动平衡方程联立，不难得到，当不计入体力时，弹性体内的 Lame 运动分量方程为

$$(\lambda + \mu)u_{j,ji} + \mu u_{i,jj} = \rho \ddot{u}_j \quad i, j = 1, 2, 3 \qquad (1.6.2)$$

由于笛卡尔坐标系中基矢量为常矢量，对基矢量的偏微分为零，故可以将(1.6.2)表达为矢量形式。

$$(\lambda + \mu)\nabla(\nabla \cdot u) + \mu \nabla^2 u = \rho \ddot{u} \qquad (1.6.3)$$

式中，u 表示笛卡尔直角空间中的位移矢量。

当考虑平面应变情况，即二维情况时，矢量只包含两个平面内分量。定义 u 和 v 分别为平面笛卡尔坐标系中对应坐标 x, y 的两个位移分量。定义两个标量函

数 Φ 和 Ψ, 使其满足

$$\begin{cases} \nabla^2 \Phi = \dfrac{\partial u}{\partial x} + \dfrac{\partial v}{\partial y} \\[2mm] \nabla^2 \Psi = \dfrac{\partial u}{\partial y} - \dfrac{\partial v}{\partial x} \end{cases} \tag{1.6.4}$$

将上式对比弹性体的几何方程, 则不难看出, Φ 与 Ψ 分别与弹性体内的体积应变和旋转扰动相关。

将两个波函数表达式代入运动方程中并化简, 可以得到如下两个波动方程。

$$\begin{cases} \nabla^2 \Phi = \dfrac{1}{c_p^2} \dfrac{\partial^2 \Phi}{\partial t^2} \\[2mm] \nabla^2 \Psi = \dfrac{1}{c_s^2} \dfrac{\partial^2 \Psi}{\partial t^2} \end{cases} \tag{1.6.5}$$

上式中第一个方程代表弹性体内的膨胀扰动以波的形式向外传播, 这种波被定义为 P 波或纵波, 波速为 $c_p = [(\lambda+2\mu)/\rho]^{1/2}$, Φ 为 P 波的标量位移势; 第二个方程代表弹性体内剪切扰动在水平面内的分量同样以波的形式向外传播, 并被定义为 SV 波或横波, 波速为 $c_s = (\mu/\rho)^{1/2}$, Ψ 为 SV 波的标量位移势。

在复平面内选取一对共轭复变量。

$$\begin{cases} \zeta = x + y\mathrm{i} \\ \bar{\zeta} = x - y\mathrm{i} \end{cases} \tag{1.6.6}$$

将上式代入横波位移势和纵波位移势的波动方程中, 并约去时谐因子 $\mathrm{e}^{-\mathrm{i}\omega t}$, 可知其空间分量满足如下 Helmholtz 方程

$$\begin{cases} \dfrac{\partial^2 \varphi}{\partial \zeta \partial \bar{\zeta}} = \left(\dfrac{\mathrm{i}\alpha}{2}\right)^2 \varphi \\[3mm] \dfrac{\partial^2 \psi}{\partial \zeta \partial \bar{\zeta}} = \left(\dfrac{\mathrm{i}\beta}{2}\right)^2 \psi \end{cases} \tag{1.6.7}$$

式中, α 和 β 分别为 P 波和 SV 波的波数。

以纵波为例, 将位移势函数的空间分量进行如下的分离变量

$$\varphi(\zeta, \bar{\zeta}) = \varphi_1(\zeta) \cdot \varphi_2(\bar{\zeta}) \tag{1.6.8}$$

代入上式并整理, 可得一组一阶线性常微分方程

$$\begin{cases} \dfrac{\varphi_1'(\zeta)}{\varphi_1(\zeta)} = \dfrac{\mathrm{i}\alpha}{2} \cdot k \\[3mm] \dfrac{\varphi_2'(\bar{\zeta})}{\varphi_2(\bar{\zeta})} = \dfrac{\mathrm{i}\alpha}{2} \cdot \dfrac{1}{k} \end{cases} \tag{1.6.9}$$

k 为方程的本征值，与 ζ 和 $\bar{\zeta}$ 无关。联立求解 (1.6.8) 和 (1.6.9)，得到位移势空间函数对应本征值 k 的一个特解

$$\varphi(\zeta, k) = A(k) \cdot e^{i\frac{\alpha}{2}(k\zeta + \bar{\zeta}/k)} \qquad (1.6.10)$$

令：

$$\zeta = re^{i\theta}, \ k = e^{-it} \qquad (1.6.11)$$

易知 r 和 θ 分别为复变量的模长与幅角。同时将 $A(k)$ 在 k 的一阶零点 $k=0$ 进行洛朗级数展开，得到

$$A(k) = A(t) = \sum_{n=-\infty}^{\infty} a_n e^{int} \qquad (1.6.12)$$

令 $\gamma = t - \theta - \pi/2$，同时将 (1.6.11) 和 (1.6.12) 代回到 (1.6.10) 中，可得

$$\varphi = \sum_{n=-\infty}^{\infty} a_n e^{in\theta} e^{in\gamma} e^{-i\alpha r\sin\gamma} \qquad (1.6.13)$$

以上为位移势空间函数的一个特解。将对应不同本征值的特解线性叠加，可得

$$\varphi = \sum_{n=-\infty}^{\infty} a_n e^{in\theta} \int_{\eta_1 + \theta + \frac{\pi}{2}}^{\eta_2 + \theta + \frac{\pi}{2}} e^{in\gamma - i\alpha r\cos\gamma} d\gamma \qquad (1.6.14)$$

观察可知，积分外指数函数项仅与 θ 有关，而被积函数仅与 r 有关，但积分限与 θ 有关，故若能使积分限与 θ 亦无关，则可成功分离空间分量的径向函数和周向函数。因此需要令积分上下限都趋近于无穷大，且必须使被积函数在负无穷到正无穷的积分区间内积分收敛。讨论 $\gamma = \zeta + \xi i$ 在复平面上的路积分，当积分路径如图 1-7 时，可满足变量的模趋于无穷时，被积函数的模趋于 0。

以上正是柱函数族的 Sommerfeld 积分，当积分路径不同时，分别对应柱函数如下

$$\begin{cases} J_n(\alpha r) = \dfrac{1}{2\pi} \int_{W_0} e^{in\gamma - i\alpha r\sin\gamma} d\gamma \\ H_n^{(1)}(\alpha r) = \dfrac{1}{\pi} \int_{W_1} e^{in\gamma - i\alpha r\sin\gamma} d\gamma \\ H_n^{(2)}(\alpha r) = \dfrac{1}{\pi} \int_{W_2} e^{in\gamma - i\alpha r\sin\gamma} d\gamma \end{cases} \qquad (1.6.15)$$

所以势函数的空间分量为

$$\varphi(\zeta, \bar{\zeta}) = \sum_{n=-\infty}^{\infty} a_n H_n(\alpha|\zeta|) \left(\frac{\zeta}{|\zeta|}\right)^n \qquad (1.6.16)$$

同理，可得

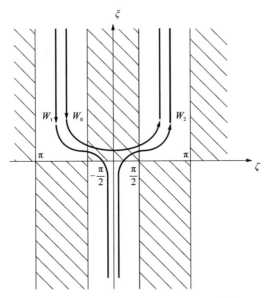

图 1-7　柱函数的 Sommerfeld 积分路径

$$\psi(\zeta,\bar{\zeta}) = \sum_{n=-\infty}^{\infty} b_n H_n(\beta|\zeta|)\left(\frac{\zeta}{|\zeta|}\right)^n \tag{1.6.17}$$

根据应力边界条件，可确定待定系数 a_n 及 b_n。

根据 Hooke 定律，应力表达式可以写成如下形式[10]

$$\begin{cases} \sigma_x + \sigma_y = -2\alpha^2(\lambda+\mu)\Phi \\ \sigma_x - \sigma_y + 2\mathrm{i}\tau_{xy} = -8\mu\dfrac{\partial^2}{\partial\zeta^2}(\Phi+\mathrm{i}\Psi) \end{cases} \tag{1.6.18}$$

从式中可以看出，体应变只与纵波分量有关，而剪应变则涉及横波分量。

将上述关系表示在极坐标系中，有

$$\begin{cases} \sigma_\rho + \sigma_\theta = -2\alpha^2(\lambda+\mu)\Phi \\ \sigma_\rho - \sigma_\theta + 2\mathrm{i}\tau_{\rho\theta} = -8\mu\dfrac{\partial^2}{\partial\zeta^2}(\Phi+\mathrm{i}\Psi)\mathrm{e}^{2\mathrm{i}\theta} \end{cases} \tag{1.6.19}$$

1.6.2　波函数展开法

波函数展开法与复变函数法的求解思路类似，两者区别主要在于其求解过程是在实数平面内完成的，因此无法使用保角变换技术，从而使可求解的几何模型相对局限。首先，根据弹性材料的基本方程，我们得到了如式(1.6.3)的矢量形式 Lame 运动方程。根据 Helmholtz 定理，任意一个三维空间中的矢量场都可分解

为一个标量势场的梯度和一个散度为零的矢量势场的旋度之和。基于此,位移矢量场可以表示为:

$$u = \nabla \varphi + \nabla \times \psi \tag{1.6.20}$$

式中,φ 为标势,ψ 为矢势,且有 $\nabla \cdot \psi = 0$。

将式(1.6.3)中的位移矢量进行上述分解,并化简可得

$$\begin{cases} (\lambda + 2\mu)\,\nabla^2\varphi = \rho\ddot{\varphi} \\ \mu\,\nabla^2\psi = \rho\ddot{\psi} \end{cases} \tag{1.6.21}$$

以上为两个典型的波动方程。而从矢量场的分解可以看出,φ 与体积膨胀相关,并以波的形式向四周传播,这种波被定义为纵波,即 P 波,对应波速为 $c_p = [(\lambda+2\mu)/\rho]^{1/2}$;而 ψ 与弹性体内的旋转有关,并且也以波动形式传播,这种旋转扰动形成的应力波称为横波,即 S 波,对应波速为 $c_s = (\mu/\rho)^{1/2}$。同时,将 φ 和 ψ 分别定义为 P 波和 S 波的位移势。

求解位移势相关的波动方程,可以使用分离变量法[11]。以纵波位移势 φ 为例,由于时间分量和空间分量相互独立,在柱坐标系下,记

$$\varphi = \Phi(r, \theta, z) \cdot T(t) \tag{1.6.22}$$

代入上式,可将偏微分方程化简为关于时间分量和空间分量的常微分方程,并分别求得

$$\nabla^2\Phi + \alpha^2\Phi = 0, \; T = e^{-i\omega t} \tag{1.6.23}$$

其中 α 为波动方程的本征值,满足 $\alpha = \omega/c_p$。在后续研究中,将其称为膨胀波的波数。时间分量以角速度呈周期变化,这说明基波是时谐的,这将在后文中详细描述。

这样,空间方程就是典型的 Helmholtz 方程。继续对其进行坐标的分离变量,令

$$\Phi = R(r) \cdot \Theta(\theta) \cdot Z(z) \tag{1.6.24}$$

考虑平面应变问题,即 z 坐标为常量,分离出关于 $\Theta(\theta)$ 和 $R(r)$ 的常微分方程如下

$$\frac{\mathrm{d}^2 R}{\mathrm{d}r^2} + \frac{1}{r}\frac{\mathrm{d}R}{\mathrm{d}r} + \left(1 - \frac{n^2}{r^2}\right)R = 0 \tag{1.6.25}$$

$$\Theta(\theta) = \begin{cases} \cos n\theta \\ \sin n\theta \end{cases} \tag{1.6.26}$$

式(1.6.25)为 n 阶贝塞尔方程,n 取整数。其解为贝塞尔函数族,包括汉克尔函数 $H_n(kr)$,第一类贝塞尔函数 $J_n(kr)$,第二类贝塞尔函数 $Y_n(kr)$。汉克尔函数表示以坐标原点为中心,向外或向内发散的行波,而第一类贝塞尔函数和第二类贝塞尔函数可表示驻波。柱函数族有如下转化关系

$$H_n^{(1),(2)}(kr) = J_n(kr) \pm iY_n(kr) \tag{1.6.27}$$

故可以得到符合波动方程的极坐标下波函数空间分量存在如下特解

$$\varphi = H_n(kr)\,\mathrm{e}^{\mathrm{i}n\theta}\mathrm{e}^{-\mathrm{i}\omega t} \tag{1.6.28}$$

观察波动方程结构，易知其满足线性叠加原理。当稳态弹性波在介质内传播时，质点的振动频率不会发生改变，故空间分量控制方程的本征值 k 是一定的。为了得到其一般解，需要将求解不同阶贝塞尔方程所得的特解进行组合，即介质内的稳态 P 波波场可以由各基波线性叠加而成。故满足波动方程的稳态波函数通解为

$$\varphi = \sum_n A_n H_n(\alpha r)\cos n\theta\,\mathrm{e}^{-\mathrm{i}\omega t} \tag{1.6.29}$$

同理，剪切波场可表示为

$$\varphi = \sum_n B_n H_n(\beta r)\sin n\theta\,\mathrm{e}^{-\mathrm{i}\omega t} \tag{1.6.30}$$

β 为剪切波数，满足 $\beta=\omega/c_{\mathrm{s}}$。式中周向函数的选取是按照不同类型波场激发的应力应变函数的奇偶性来确定的，在平面内只考虑 S 波的水平方向偏振量，即 SV 波。根据应变或位移边界条件的不同，式中待定系数 A_n 和 B_n 可唯一确定。

1.6.3　格林函数法

格林函数又称为点源影响函数。在一定的边界条件和初始条件下，格林函数代表了由一个无限小的点产生的物理场。全域内的总场由任意分布的点源场叠加而成。格林函数法是数学物理方法中的重要方法，广泛应用于力场、电磁场、热能场以及生物学场等的研究中[12, 13]。

式(1.6.31)为数学物理方法中常见的一类微分方程[14]。

$$L(u) = \sum_n \frac{\partial^n u}{\partial x^n}\cdot a_n(x) = f(x) \tag{1.6.31}$$

式中，$a_0(x)\neq0$。L 代表一种线性微分算子，右端项为受迫项。观察可知，当线性算子取拉普拉斯算子时，方程化为泊松方程。

引入广义函数 $\delta(x)$，此类函数通常表示质点或电荷等的密度分布，并满足

$$\begin{cases} \delta(x-x_0) = \begin{cases} 0, & x\neq x_0 \\ \infty, & x=x_0 \end{cases} \\ \displaystyle\int_{-\infty}^{\infty}\delta(x-x_0)\,\mathrm{d}x = 1 \end{cases} \tag{1.6.32}$$

则由狄拉克函数的积分性质，可知

$$f(x) = \int_{-\infty}^{\infty}\delta(x-x_0)f(x_0)\,\mathrm{d}x_0 \tag{1.6.33}$$

定义格林函数 G，使其满足

$$L[\,G(x,\,x_0)\,] = \delta(x - x_0) \tag{1.6.34}$$

将式(1.6.34)代入式(1.6.33),可得

$$u(x) = \int_{-\infty}^{\infty} G(x,\,x_0)f(x_0)\,\mathrm{d}x_0 \tag{1.6.35}$$

上式的物理意义为,在已知点源的分布函数 f 以及点源激发的物理场函数 G 时,可以求得区域内总场 u。构造的 Green 函数需要满足无穷远处的 Sommerfeld 辐射条件,并在除源点 x_0 和相点 x 外具有分段连续性,在整个作用域上具有可积性。求解出 Green 函数后,再根据边界连续条件求解力源分布的定解积分方程组。

1.7 傅立叶变换

对于某函数类 A 中的函数 $f(x)$ 经过某种可逆的积分手续变成另一类函数 B 中的函数 $F(p)$, $F(p)$ 称为 $f(x)$ 的像函数, $f(x)$ 称为像原函数。在这种变换下,原来的偏微分方程可以减少自变量的个数,直至变成常微分方程;原来的常微分方程,可以变成代数方程,从而使在函数 B 中的运算简化,只要找出 B 中的一个解,再经过逆变换,便得到原来要在 A 中所求的解。存在多种积分变换方法,如傅立叶变换、拉普拉斯变换、汉克尔变换等。其中,傅立叶变换不仅是求解数学物理方程的重要工具之一,也是信号、图像等处理最常用的方法[15]。它被广泛运用于工程技术、电工学、信息光学、理论力学、量子力学等领域,本节将简单介绍。

1.7.1 傅立叶变换的定义

一个在定义在$(-\infty,\,\infty)$区间上的函数 $f(x)$ 的傅立叶积分可以表示为[7]

$$f(t) = \frac{1}{2\pi}\int_{-\infty}^{\infty}\left[\int_{-\infty}^{\infty}f(\tau)\,\mathrm{e}^{\mathrm{i}\omega(\tau-t)}\,\mathrm{d}\omega\right]\mathrm{d}\tau = \frac{1}{2\pi}\int_{-\infty}^{\infty}\left[\int_{-\infty}^{\infty}f(\tau)\,\mathrm{e}^{-\mathrm{i}\omega t}\,\mathrm{d}\tau\,\mathrm{e}^{\mathrm{i}\omega\tau}\right]\mathrm{d}\omega$$

$$\tag{1.7.1}$$

从式(1.7.1)可以得到

$$F(\omega) = \frac{1}{\sqrt{2\pi}}\int_{-\infty}^{\infty}f(t)\,\mathrm{e}^{-\mathrm{i}\omega t}\mathrm{d}t \quad (-\infty < \omega < \infty) \tag{1.7.2}$$

将式(1.7.2)代入(1.7.1)得

$$f(t) = \frac{1}{\sqrt{2\pi}}\int_{-\infty}^{\infty}F(\omega)\,\mathrm{e}^{-\mathrm{i}\omega t}\mathrm{d}\omega \quad (-\infty < t < \infty) \tag{1.7.3}$$

式中，$F(\omega)$ 称为函数 $f(x)$ 的傅立叶变换，而 $f(x)$ 称为 $F(\omega)$ 的傅立叶反变换。为了简化，可以将 $f(x)$ 和 $F(\omega)$ 之间的变换和反变换记为

$$F(\omega) = F\{f(x)\} \qquad (1.7.4)$$

$$f(x) = F^{-1}\{F(x)\} \qquad (1.7.5)$$

一般情况下 $F(\omega)$ 都是一个复数，可以表示为

$$F(\omega) = A(\omega)e^{i\varphi(\omega)} \qquad (1.7.6)$$

式中，$A(\omega)$ 是 $f(x)$ 的傅立叶谱，$\varphi(\omega)$ 是它的相位角。

1.7.2　傅立叶变换的性质

傅立叶变换是一种线性变换，常用的定理有加法定理、卷积定理、相似定理、时移与频移、时间与频率导数和矩量定理。

1）加法定理

若 $F_1(\omega)$ 和 $F_2(\omega)$ 分别是 $f_1(t)$ 和 $f_2(t)$ 的傅立叶变换，则存在常数 a_1 和 a_2，使得

$$a_1 f_1(t) + a_2 f_2(t) \leftrightarrow a_1 F_1(\omega) + a_2 F_2(\omega) \qquad (1.7.7)$$

2）卷积定理

卷积是一种综合性的运算，它涵盖了函数相乘、延迟和积分。为了进一步说明该定理，首先设 $f_1(t)$ 和 $f_2(t)$ 均是定义在区间 $(-\infty, \infty)$ 上的函数，它们的卷积表达式可以表示为

$$f_1(t) \times f_2(t) = \int_{-\infty}^{\infty} f_1(x)f_2(t-x)\mathrm{d}x \qquad (1.7.8)$$

卷积结果仍然是 t 的函数，傅立叶卷积定理可以表示为

$$f_1(t) \times f_2(t) \leftrightarrow F_1(\omega)F_2(\omega) \qquad (1.7.9)$$

3）相似定理

若 a 为一任意实常数，则有

$$f(at) \leftrightarrow \frac{1}{|a|}F\left(\frac{\omega}{a}\right) \qquad (1.7.10)$$

4）时移与频移

如果函数 $f(t)$ 移动一个常量 t_0，则其傅立叶谱保持不变，仅需在相位角上增加一个 $t_0\omega$ 项，即

$$f(t-t_0) \leftrightarrow F(\omega)e^{\pm it_0\omega} = A(\omega)e^{i[\varphi(\omega)+t_0\omega]} \qquad (1.7.11)$$

如果 $F(\omega)$ 移动一个实数 ω_0，则

$$e^{\pm it_0\omega}f(t) \leftrightarrow F(\omega-\omega_0) \qquad (1.7.12)$$

5）时间与频率导数

$f(t)$ 的第 n 次导数的傅立叶变换是

$$\frac{d^{n}f(t)}{dt^{n}} \leftrightarrow (-i\omega)^{n}F(\omega) \qquad (1.7.13)$$

从上式可以看出，当 $|t| \to \infty$ 时，$f(t)$ 的导数基本上都为零，这与实际情况中扰动随时间变化而消失是相符的。同样，$F(\omega)$ 对 ω 求导后可以得到

$$\frac{d^{n}F(\omega)}{d\omega^{n}} \leftrightarrow (it)^{n}f(t) \qquad (1.7.14)$$

6）矩量定理

$f(t)$ 的第 n 次矩 m_n 可以表示为

$$m_{n} = \int_{-\infty}^{\infty} t^{n}f(t)\,dt \quad n = 0, 1, 2, \cdots \qquad (1.7.15)$$

$F(\omega)$ 在 $\omega = 0$ 处的导数与 $f(t)$ 的矩量关系可以表示为

$$(i)^{n}m_{n} = \frac{d^{n}F(\omega)}{d\omega^{n}}\bigg|_{\omega = 0} \quad n = 0, 1, 2, \cdots \qquad (1.7.16)$$

同理可得 $F(\omega)$ 的第 n 次矩 M_n 为

$$M_{n} = \int_{-\infty}^{\infty} \omega^{n}F(\omega)\,d\omega \quad n = 0, 1, 2, \cdots \qquad (1.7.17)$$

$$(-i)^{n}M_{n} = \frac{d^{n}f(t)}{dt^{n}}\bigg|_{t = 0} \quad n = 0, 1, 2, \cdots \qquad (1.7.18)$$

从式（1.7.15）～式（1.7.18）中可以发现，$F(\omega)\big|_{\omega=0}$ 和 $f(t)\big|_{t=0}$ 的值可以通过曲线 $f(t)$ 和 $F(\omega)$ 下面的面积求出来，各自对应的斜率也可以通过一次矩求出。

1.7.3 δ-函数

δ 函数是量子力学大师 Dirac 创建的，在量子力学、经典物理力学等许多科学领域都得到了广泛运用[16]。δ 函数是定义在区间 $(-\infty, +\infty)$ 上的函数，记为 $\delta(t)$，t 是变量[6]。当 $t = 0$ 时，它的值趋于无穷大，而且在曲线下边具有一个单位的面积；$t \neq 0$ 时，它的值等于 0，即

$$\begin{cases} \delta(t) = 0, \ |t| > 0 \\ \int_{-\infty}^{\infty} \delta(t)\,dt = 1 \end{cases} \qquad (1.7.19)$$

对于一个任意函数 $\varphi(t)$，δ 函数可以通过面积积分的形式可以表示为

$$\int_{-\infty}^{\infty} \delta(t - \tau)\varphi(t)\,dt = \varphi(\tau) \qquad (1.7.20)$$

假定 $t = \tau$ 时，$\varphi(t)$ 是连续函数。则 $\delta(t)$ 的第 n 次导数可以定义为

$$\int_{-\infty}^{\infty} \frac{d^{n}\delta(t - \tau)}{dt^{n}}\varphi(t) = (-1)^{n}\frac{d^{n}\varphi(t)}{dt^{n}}\bigg|_{t = \tau} \qquad (1.7.21)$$

其中 $\delta(t)$ 的傅立叶变换为

$$\begin{cases} F(\omega) = \dfrac{1}{\sqrt{2\pi}} \displaystyle\int_{-\infty}^{\infty} \delta(t)\,\mathrm{e}^{-\mathrm{i}\omega t}\mathrm{d}t = \dfrac{1}{\sqrt{2\pi}} \\[3mm] \delta(t) = \dfrac{1}{2\pi} \displaystyle\int_{-\infty}^{\infty} \mathrm{e}^{-\mathrm{i}\omega t}\mathrm{d}\omega \end{cases} \tag{1.7.22}$$

1.7.4　Heaviside 单位阶梯函数

根据 δ-函数和阶梯函数的关系,如果任意输入函数 $f(\bar{t})$ 为无量纲的阶梯函数,则该函数可以通过单位阶跃函数表示为[6]:

$$f(\bar{t}) = \begin{cases} 0, & \bar{t} < 0 \\ 1, & \bar{t} \geqslant 0 \end{cases} \tag{1.7.23}$$

且

$$\begin{cases} f(\bar{t}) = \displaystyle\int_{-\infty}^{\infty} \delta(\tau)\,\mathrm{d}\tau \\[3mm] f'(\bar{t}) = \delta(\bar{t}) \end{cases} \tag{1.7.24}$$

其中,沿圆孔边界入射的阶梯函数 $f(\bar{t})$ 的傅立叶变换是

$$F(\omega) = \frac{\mathrm{i}}{\sqrt{2\pi}\,\omega} \tag{1.7.25}$$

1.8　稳态反应

作为函数的反应分成稳态和瞬态两大类,如果波的传播可用调和函数 $\exp[\mathrm{i}(k \cdot r - \omega t)]$ ($-\infty < t < +\infty$) 表示简谐运动的形式,这就定名为稳态传播,这种运动连绵不绝,既无起始时间,也无终止时间。如果物体在某个时间 $t = t_0$ 之前是静止的,而在 $t = t_0$ 时才开始运动,这种波动定名为瞬态传播。所谓稳态反应,指的是在无限时间域成简谐运动的反应,通常它被表示为。

$$u(t) = A\mathrm{e}^{\pm \mathrm{i}\omega t}, \quad -\infty < t < +\infty \tag{1.8.1}$$

式中,A 为一复数,根据调和函数的特点,只有实部或虚部才表示运动,无论自由运动或强迫运动,都可以引起一个弹性体的简谐运动。对于一个有限介质,只要施加一个与其实体的主振型相适应的初始位移或初始速度(脉冲),便可将这个系统激励起来,随之而做简谐自由振动,振动频率即等于相应的主振型频率。由于弹性体的主振型非常复杂,一般这种形式的激励是不容易发生的。另一方面,在一个物体的边界上作用一个简谐力源或简谐力,即可使该系统产生强迫振动。等过了一段时间以后,强迫振动的初始不规则扰动因受到系统固有的弱小阻尼作用而逐渐消失。剩下来的便是与振源频率相同的简谐运动了。

不论哪一种情况，反应的时间函数部分总可以分离如

$$u(x_i, \omega) = U(x_i, \omega)\mathrm{e}^{\pm\mathrm{i}\omega t} \tag{1.8.2}$$

式中，$u(x_i, \omega)$ 是在一个给定频率下的空间坐标函数。对于一个力源

$$f(x_i, t) = F(x_i, \omega)\mathrm{e}^{\pm\mathrm{i}\omega t} \tag{1.8.3}$$

或者对作用在边界上的相应的扰动而言，求解稳态反应问题，即可化成求解方程：

$$L\{u(x_i, \omega)\} = -\rho\omega^2 u(x_i, \omega) \tag{1.8.4}$$

如果力源为一单位量，即，$f(t) = \mathrm{e}^{\pm\mathrm{i}\omega t}$，则称稳态反应中的 $\mathrm{e}^{\pm\mathrm{i}\omega t}$ 的系数叫作弹性体系的导纳，其定义为：

$$\chi(x_i, t) = U(x_i, \omega)/F(x_i, \omega) \tag{1.8.5}$$

如果知道了一个弹性体的导纳 χ 以及外在力源 F 的量级，即可将稳态反应简单地写成：

$$U(x_i, t) = F(x_i, \omega)\chi(x_i, t)\mathrm{e}^{\pm\mathrm{i}\omega t} \tag{1.8.6}$$

1.9 瞬态反应

1.9.1 傅立叶变换法

实际当中，更多的是弹性系统对于非周期性扰动的反应，或者力源是突然施加给物体时产生的反应，即瞬态反应。根据前面的交代，线性弹性系统对于简谐力 $F(\omega)\mathrm{e}^{-\mathrm{i}\omega t}$ 的稳态反应是 $F(\omega)\chi(x_i, \omega)\mathrm{e}^{-\mathrm{i}\omega t}$，此处，$\chi(x_i, \omega)$ 是系统的导纳。现在，为找出非周期性扰动 $f(t)$ 的瞬态反应，我们首先运用 Fourier 积分[17]

$$\begin{cases} f(t) = \dfrac{1}{\sqrt{2\pi}}\displaystyle\int_{-\infty}^{\infty} F(\omega)\mathrm{e}^{-\mathrm{i}\omega t}\mathrm{d}\omega \\ F(t) = \dfrac{1}{\sqrt{2\pi}}\displaystyle\int_{-\infty}^{\infty} f(t)\mathrm{e}^{\mathrm{i}\omega t}\mathrm{d}t \end{cases} \tag{1.9.1}$$

将 $f(t)$ 分解成它的简谐分量。下一步再求解稳态问题，以便求得导纳 $\chi(x_i, \omega)$，最后将各分量叠加起来，从而获得由原非周期性扰动 $f(t)$ 导致的系统反应：

$$u(x_i, t) = \frac{1}{\sqrt{2\pi}}\int_{-\infty}^{\infty} \chi(x_i, \omega)F(\omega)\mathrm{e}^{-\mathrm{i}\omega t}\mathrm{d}\omega \tag{1.9.2}$$

1.9.2 Duhamel 积分法

如果输入单位脉冲，则有：

$$\delta(t) = \frac{1}{\sqrt{2\pi}} \qquad (1.9.3)$$

于是可以简单地将系统对 $\delta(t)$ 的反应写成

$$u_\delta(x_i, t) = \frac{1}{2\pi} \int_{-\infty}^{\infty} \chi(x_i, \omega) e^{-i\omega t} d\omega \qquad (1.9.4)$$

由于输入的是 δ-函数，因此我们称 $u_\delta(x_i, t)$ 为脉冲反应。现在就可以看清楚了，导纳函数 $\chi(x_i, \omega)$ 与脉冲反应形成了一对 Fourier 变换。

对于任意一个输入，我们可以通过方程(1.9.2)确定系统反应，所以，对于一个任意输入 $f(t)$ 的反应是

$$u(x_i, t) = \int_{-\infty}^{\infty} f(\tau) u_\delta(x_i, t - \tau) d\tau \qquad (1.9.5)$$

或

$$u(x_i, t) = \int_{-\infty}^{\infty} u_\delta(x_i, t) f(t - \tau) d\tau \qquad (1.9.6)$$

由于 δ-函数是因果函数，从因果关系条件来看，脉冲反应也该是因果性的。所以有

$$u_\delta(x_i, t - \tau) = 0 \quad t < \tau \qquad (1.9.7)$$

从而可以重新将方程(1.9.5)和(1.9.6)写成

$$u(x_i, t) = \int_{-\infty}^{t} f(t) u_\delta(x_i, t - \tau) d\tau \qquad (1.9.8)$$

和

$$u(x_i, t) = \int_{t}^{\infty} f(t - \tau) u_\delta(x_i, \tau) d\tau \qquad (1.9.9)$$

如果再加上一个条件：$f(t)$ 是因果性的，因为当 $t < \tau$ 时，$f(t - \tau) = 0$，于是可将上述方程化为人们所熟悉的 Duhamel 积分。

$$u(x_i, t) = \int_{0}^{t} f(\tau) u_\delta(x_i, t - \tau) d\tau \qquad (1.9.10)$$

或

$$u(x_i, t) = \int_{0}^{t} u_\delta(x_i, \tau) f(t - \tau) d\tau \qquad (1.9.11)$$

方程(1.9.10)和(1.9.11)就是时间上的叠加原理的说明，现在我们可以使用上面给出的公式来推导 Duhamel 积分的其他类型，也就是用对阶梯函数 $h(t)$ 的反应来表示任意输入所引起的反应。令 $u_h(x_i, \tau)$ 表示单位阶跃反应，也就是对单位阶梯函数 $h(t)$ 的反应，于是根据(1.9.11)式有

$$u_h(x_i, t) = \int_{0}^{t} u_\delta(x_i, \tau) d\tau \qquad (1.9.12)$$

或

$$u'_h(x_i, t) = \frac{\mathrm{d}u_h(x_i, t)}{\mathrm{d}t} = u_\delta(x_i, \tau) \tag{1.9.13}$$

于是根据(1.9.10)式,对任意的 f 的反应都可写成

$$u(x_i, t) = \int_0^s f(\tau) u'_h(t - \tau) \mathrm{d}\tau \tag{1.9.14}$$

或者再经部分积分以后,可得

$$u(x_i, t) = f(0) u_h(t) + \int_0^s f'(\tau) u_h(t - \tau) \mathrm{d}\tau \tag{1.9.15}$$

方程(1.9.15)便是 Duhamel 积分的另外一种形式。

参考文献

[1] 王礼立. 应力波基础[M]. 北京:国防工业出版社,1985.

[2] Ihlenburg F, Babuska I. Finite element solution of the Helmholtz equation with high wave number part II: the hp version of the FEM[J]. SIAM Journal on Numerical Analysis, 1997, 34(1): 315-358.

[3] Borghi R, Gori F, Santarsiero M, et al. Plane-wave scattering by a perfectly conducting circular cylinder near a plane surface: cylindrical - wave approach[J]. JOSA A, 1996, 13(3): 483-493.

[4] 梁昆淼. 数学物理方法(第四版)[M]. 北京:高等教育出版社,2010.

[5] 徐芝纶. 弹性力学 第二版 上册[M]. 北京:高等教育出版社,1982.

[6] 鲍亦兴,毛昭宙,刘殿魁,等. 弹性波的衍射与动应力集中[M]. 北京:科学出版社,1993.

[7] 顾樵. 数学物理方法[M]. 北京:科学出版社,2012.

[8] 唐德星. 浅埋圆孔附近的脱胶圆夹杂对 SH 波的散射[D]. 哈尔滨:哈尔滨工程大学,2013.

[9] 王竹溪,郭守仁. 特殊函数概论[M]. 北京:科学出版社,1979.

[10] Mavko G, Mukerji T, Dvorkin J. Elasticity and Hooke's law[J]. The Rock Physics Handbook: Tools for Seismic Analysis of Porous Media, 2009, 10.1017/CBO97805 11626753(2): 21-80.

[11] Senyue L, Jizong L. Special solutions from the variable separation approach: the Davey - Stewartson equation[J]. Journal of Physics A: Mathematical and General, 1996, 29(14): 4209.

[12] Lyapustin A, Knyazikhin Y. Green's function method for the radiative transfer problem. I. Homogeneous non-Lambertian surface[J]. Applied optics, 2001, 40(21): 3495-3501.

[13] Sanskrityayn A, Suk H, Kumar N. Analytical solutions for solute transport in groundwater and riverine flow using Green's Function Method and pertinent coordinate transformation method[J]. Journal of hydrology, 2017, 547: 517-533.

[14] 刘殿魁,田家勇. SH 波对界面圆柱形弹性夹杂散射及动应力集中[J]. 爆炸与冲击,

1999, 19(2): 115-123.

[15] Takeda M, Ina H, Kobayashi S. Fourier-transform method of fringe-pattern analysis for computer-based topography and interferometry[J]. JosA, 1982, 72(1): 156-160.

[16] Wilcox B R, Pollock S J. Upper-division student difficulties with the dirac delta function[J]. Physical Review Special Topics-Physics Education Research, 2015, 11(1): 010108.

[17] Duistermaat J J, Hörmander L. Fourier integral operators. II[J]. Acta mathematica, 1972, 128: 183-269.

第2章 无界区域 P 波经圆孔散射引起的动应力集中

在声学、光学以及其他物理科学分支中，也常会遇到波的散射或衍射现象，比如灰尘粒子对光的散射、雾滴产生的声音散射现象等[1, 2]。由于物理上的相似，弹性波的散射分析和研究方法与研究其他波产生的方法相比，并无很大的不同。但是由于弹性固体中有速度不同的纵波和横波的存在，而不像空气中只有一种波，从而在分析中增加了一层难度。

本章中我们主要利用波函数展开法和复变函数法求解平面 P 波在圆形洞室周边的动态应力集中相应的问题。

2.1 贝塞尔函数及其性质

$$\frac{\partial^2 y}{\partial x^2} + \frac{1}{x} \frac{\partial y}{\partial x} + \left(1 - \frac{m^2}{x^2}\right) y = 0 \qquad (2.1.1)$$

贝塞尔方程(2.1.1)是数学物理中常见的一类常微分方程。m 是贝塞尔方程的阶，可为任意实数或复数。贝塞尔方程的特解是贝塞尔函数族，又称柱函数族，包括贝塞尔函数 $J_m(r)$、诺依曼函数 $Y_m(r)$、第一类汉克尔函数 $H_m^{(1)}(r)$ 以及第二类汉克尔函数 $H_m^{(2)}(r)$。它们之间满足如下关系式[3]。

$$J_m(x) = \sum_{k=0}^{\infty} \frac{(-1)^k}{k! \ \Gamma(m+k+1)} \left(\frac{x}{2}\right)^{m+2k} \qquad (2.1.2)$$

$$Y_m(x) = \frac{\cos m\pi J_m(x) - J_{-m}(x)}{\sin m\pi} \qquad (2.1.3)$$

$$H_m^{(1)}(x) = J_m(x) + i \cdot Y_m(x) \qquad (2.1.4)$$

$$H_m^{(2)}(x) = J_m(x) - i \cdot Y_m(x) \qquad (2.1.5)$$

$$C_{-m}(x) = (-i)^m C_m(x) \qquad (2.1.6)$$

从物理意义上讲，$H_m^{(1)}(x)$ 常表示由原点向外传播的行波，$H_m^{(2)}(x)$ 常表示向原点中心传播的行波，$J_n(x)$ 和 $Y_n(x)$ 常表示驻波，故贝塞尔函数族常用于波动问题中。

2.1.1　渐进特性

通过柱函数的 Sommerfeld 积分形式可知，当宗量 x 取一极大值时，汉克尔函数的渐进公式表示如下

$$H_m^{(1)}(x) \approx \sqrt{\frac{2}{\pi x}} \, \mathrm{e}^{\mathrm{i}\left(x - \frac{\pi}{2}m - \frac{\pi}{4}\right)} \tag{2.1.7}$$

$$H_m^{(2)}(x) \approx \sqrt{\frac{2}{\pi x}} \, \mathrm{e}^{-\mathrm{i}\left(x - \frac{\pi}{2}m - \frac{\pi}{4}\right)} \tag{2.1.8}$$

当取 $m = 0$ 时，可表示由线源激发的柱面波在较远处的解。通过比较平面入射波表达式（1.3.5），柱面入射波表达式（1.3.8）以及球面入射波表达式（1.3.13）可知，在远场前提下，三者相位变化规律一致，但是幅值变化有细微差别。除去平面波传播过程中振幅不变外，柱面波以及球面波振幅均随距离增大而下降。根据质点动能表达式，各质点动能之比为振幅之比的平方。将波阵面面积用 M 表示，则有

$$\frac{E_{c1}}{E_{c2}} = \frac{x_1}{x_2} = \frac{2\pi x_1}{2\pi x_2} = \frac{M_{c2}}{M_{c1}} \tag{2.1.9}$$

$$\frac{E_{s1}}{E_{s2}} = \frac{x_1^2}{x_2^2} = \frac{4\pi x_1^2}{4\pi x_2^2} = \frac{M_{s1}}{M_{s2}} \tag{2.1.10}$$

$$\frac{E_{p1}}{E_{p2}} = 1 = \frac{M_{p2}}{M_{p1}} \tag{2.1.11}$$

由上式易得，理想状况下，应力波传播过程中，同相位波阵面上，各质点的能量守恒。对于柱面波来说，在距波源较远处，波阵面曲率较大时，振幅变化不甚明显，可近似看作平面波。

2.1.2　Sommerfeld 辐射条件

在三维问题中，不难证明式（1.3.5）、式（1.3.8）、式（1.3.13）均满足如下的 Sommerfeld 辐射条件[4]

$$\begin{cases} \lim\limits_{x \to \infty} x \, |S| = A \\ \lim\limits_{x \to \infty} x \left(\mathrm{i}kS - \dfrac{\partial S}{\partial x} \right) = 0 \end{cases} \tag{2.1.12}$$

式中，A 为任意常数。此条件表明，波函数在无穷远处有有限边界，且能量为零。

2.1.3 整数阶贝塞尔函数的母函数

整数贝塞尔函数的积分表达式为

$$J_m(x) = \frac{(-\mathrm{i})^m}{2\pi} \int_{-\pi}^{\pi} \mathrm{e}^{\mathrm{i}x\cos\theta - \mathrm{i}m\theta} \mathrm{d}\theta \tag{2.1.13}$$

观察式(2.1.13)可知，这是复数形式傅立叶级数展开的傅立叶系数表达式。故，可知原函数为

$$\mathrm{e}^{\mathrm{i}x\cos\theta} = \sum_{n=-\infty}^{\infty} \mathrm{i}^m J_m(x) \mathrm{e}^{\mathrm{i}m\theta} \tag{2.1.14}$$

将 θ 进行一定相位调整，可知，这正是平面波势函数的空间分量表达式。这表明，入射平面波可以展开成为一系列驻波的叠加，这一性质被广泛应用在散射问题的研究中。

2.1.4 柱函数族的递推公式

应力场和位移场可以通过势函数的求导得出，对于贝塞尔函数族，求导时有如下性质

$$\frac{\mathrm{d}}{\mathrm{d}x}\left[C_m(x)/x^m\right] = -C_{m+1}/x^m \tag{2.1.15}$$

$$\frac{\mathrm{d}}{\mathrm{d}x}\left[x^m C_m(x)\right] = x^m C_{m-1}(x) \tag{2.1.16}$$

2.1.5 加法公式

复联通域问题中通常会涉及波函数的坐标转换。通过 Graf 加法公式，可以将某坐标系下同一个波的表达式进行傅立叶-贝塞尔级数展开成为另一个坐标系下的表达式。原始的 Graf 加法公式如式(2.1.17)。$C_n(\cdot)$ 表示任意类型的贝塞尔函数[5]。当 $v < u$ 时上式成立。

$$C_n(w)\mathrm{e}^{\mathrm{i}n\varphi} = \sum_{m=-\infty}^{\infty} C_{n+m}(u) J_m(v) \mathrm{e}^{\mathrm{i}m\theta} \tag{2.1.17}$$

假设现有两笛卡尔直角系按如图 2-1 所示正交关系排列。

首先考虑 r_0, r_1 如图 2-2 所示。易知，无论从坐标系 O 转到 O_1，还是由 O_1 转到 O，由于有 r_0, r_1 均小于 d，将图中各元素代入原始公式(2.1.17)中，有如下对称关系[6]。

$$C_n(r_1)\mathrm{e}^{\mathrm{i}n\theta_1} = \sum_{m=-\infty}^{\infty} C_{n+m}(d) J_m(r_0) \mathrm{e}^{\mathrm{i}m\theta_0} \qquad r_0 < d \tag{2.1.18}$$

$$C_n(r_0)\mathrm{e}^{\mathrm{i}n\theta_0} = \sum_{m=-\infty}^{\infty} C_{n+m}(d) J_m(r_1) \mathrm{e}^{\mathrm{i}m\theta_1} \qquad r_1 < d \tag{2.1.19}$$

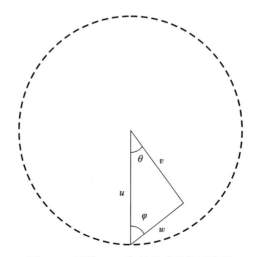

图 2-1　原始 Graf 加法公式几何示意图

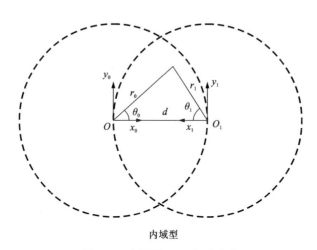

内域型

图 2-2　内域型 Graf 加法公式

式(2.1.18)和(2.1.19)称为内域型 Graf 加法公式。

考虑将坐标系 O 转到 O_1，当 r_0 和 r_1 如图 2-3(a)所示时，r_0 大于 d。此时无法直接套用图 2-1 中几何关系。故将各元素重新赋值，使其满足式(2.1.17)的几何约束条件。

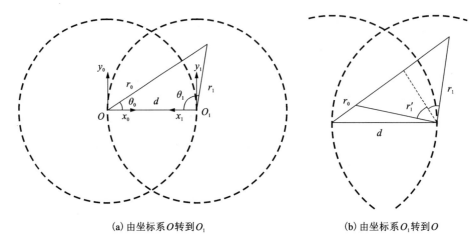

(a) 由坐标系 O 转到 O_1　　　　　　(b) 由坐标系 O_1 转到 O

图 2-3　外域型 Graf 加法公式

$$\begin{cases} u = r_0 \\ v = d \\ w = r_1 \\ \theta = \theta_0 \\ \varphi = \pi - \theta_0 - \theta_1 \end{cases} \tag{2.1.20}$$

代入式(2.1.17)，则有

$$C_n(r_1) \mathrm{e}^{\mathrm{i}n(\pi-\theta_0-\theta_1)} = \sum_{m=-\infty}^{\infty} C_{n+m}(r_0) J_m(d) \mathrm{e}^{\mathrm{i}m\theta_0} \tag{2.1.21}$$

令 $t=n+m$，并进行简单移项，可得

$$(-1)^n C_n(r_1) \mathrm{e}^{-\mathrm{i}n\theta_1} = \sum_{t=-\infty}^{\infty} J_{t-n}(d) C_t(r_0) \mathrm{e}^{\mathrm{i}t\theta_0} \tag{2.1.22}$$

令 $p=-t$，有

$$(-1)^p C_{-p}(r_1) \mathrm{e}^{\mathrm{i}p\theta_1} = \sum_{t=-\infty}^{\infty} J_{t+p}(d) C_t(r_0) \mathrm{e}^{\mathrm{i}t\theta_0} \tag{2.1.23}$$

根据整数阶贝塞尔函数的性质(2.1.3)，可将左端化简，从而有

$$C_n(r_1) \mathrm{e}^{\mathrm{i}n\theta_1} = \sum_{m=-\infty}^{\infty} J_{n+m}(d) C_m(r_0) \mathrm{e}^{\mathrm{i}m\theta_0} \quad r_0 > d \tag{2.1.24}$$

式(2.1.24)称为外域型 Graf 加法公式。

若考虑将坐标系 O_1 转到 O，此时由于 r_1 小于 d，如图 2-3(b)中所示，实质上仍可看作内域型公式，计算公式为

$$C_n(r_0)\,\mathrm{e}^{\mathrm{i}n\theta_0} = \sum_{m=-\infty}^{\infty} C_{n+m}(d) J_m(r_1)\,\mathrm{e}^{\mathrm{i}m\theta_1} \quad r_1 < d \qquad (2.1.25)$$

当 r_0 和 r_1 均大于 d，可类比得到坐标转换关系满足外域型 Graf 加法公式。

2.2　波函数展开法求解

在实际的工程问题中，如采矿、地铁建设和核废料处理等工程，影响工程安全稳定的主要因素是来自爆破或地震等动力源[7-9]。就爆破而言，炸药在岩石中爆炸，产生的爆炸应力波一般以球面波的形式在岩石中向外传播，当传播到一定距离后，可以将爆炸应力波近似看成平面波[10]，冲击波也逐渐衰减成弹性波。因此，在地下工程中，可以将一定距离外的振动波近似地简化为平面 P 波作用于圆孔的情形，如图 2-4 所示。

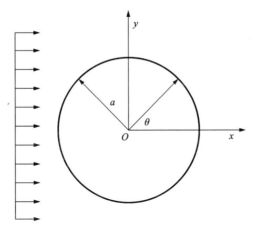

图 2-4　平面波入射的理论简化模型

2.2.1　平面波散射的稳态解

假设平面 P 波沿 x 轴的正方向传播并入射到巷道的边界上，则入射到巷道围岩的平面简谐波的势函数可以表示为

$$\varphi_{\mathrm{P}}^{(i)} = \varphi_0\,\mathrm{e}^{\mathrm{i}(\alpha x - \omega t)} \qquad (2.2.1)$$

式中，α 是入射波波数，φ_0 是入射波的幅值，ω 是入射波圆频率。

利用波函数展开法，式(2.2.1)可以表示为

$$\varphi_{\mathrm{P}}^{(i)} = \varphi_0 \sum_{n=0}^{\infty} \varepsilon_n (\mathrm{i})^n J_n(\alpha r) \cos n\theta \mathrm{e}^{-\mathrm{i}\omega t} \tag{2.2.2}$$

式中，J_n 为第一类贝塞尔函数，其中

$$\varepsilon_n = \begin{cases} 1 & n = 0 \\ 2 & n \geqslant 1 \end{cases} \tag{2.2.3}$$

当入射波到达巷道内壁时会在巷道内壁发生反射生成 P 波和 SV 波。根据波函数展开法可以将这两种反射波表示为[11-13]

$$\varphi_{\mathrm{P}}^{(r)} = \sum_{n=0}^{\infty} A_n H_n^{(1)}(\alpha r) \cos n\theta \mathrm{e}^{-\mathrm{i}\omega t} \tag{2.2.4}$$

$$\psi_{\mathrm{SV}}^{(r)} = \sum_{n=0}^{\infty} B_n H_n^{(1)}(\beta r) \sin n\theta \mathrm{e}^{-\mathrm{i}\omega t} \tag{2.2.5}$$

式(2.2.4)、式(2.2.5)表示平面简谐波经过原点发出的散射波，β 为剪切波波数，$\beta = \omega/c_{\mathrm{s}}$，$c_{\mathrm{s}}$ 为岩体中的剪切波速，$H_n^{(1)}$ 为第一类汉克尔函数，A_n、B_n 为待定系数。

因此，入射波和反射波共同作用于巷道围岩，根据弹性波的叠加原理，作用在围岩上的总波可以表示为

$$\varphi_{\mathrm{P}} = \varphi_{\mathrm{P}}^{(i)} + \varphi_{\mathrm{P}}^{(r)} = \sum_{n=0}^{\infty} [\varphi_0 \varepsilon_n(\mathrm{i})^n J_n(\alpha r) + A_n H_n^{(1)}(\alpha r)] \cos n\theta \mathrm{e}^{-\mathrm{i}\omega t} \tag{2.2.6}$$

$$\psi_{\mathrm{P}} = \psi_{\mathrm{SV}}^{(r)} = \sum_{n=0}^{\infty} B_n H_n^{(1)}(\beta r) \sin n\theta \mathrm{e}^{-\mathrm{i}\omega t} \tag{2.2.7}$$

另外，圆形巷道周边的径向应力、切向应力和剪应力可以根据位移势函数表示为

$$\sigma_{rr} = \lambda \nabla^2 \varphi + 2\mu \left[\frac{\partial^2 \varphi}{\partial r^2} + \frac{\partial}{\partial r}\left(\frac{1}{r}\frac{\partial \psi}{\partial \theta}\right) \right] \tag{2.2.8}$$

$$\sigma_{\theta\theta} = \lambda \nabla^2 \varphi + 2\mu \left[\frac{1}{r}\left(\frac{\partial \varphi}{\partial r} + \frac{1}{r}\frac{\partial^2 \varphi}{\partial \theta^2}\right) + \frac{1}{r}\left(\frac{1}{r}\frac{\partial \psi}{\partial \theta} - \frac{\partial^2 \psi}{\partial r \partial \theta}\right) \right] \tag{2.2.9}$$

$$\sigma_{r\theta} = \mu \left\{ 2\left(\frac{1}{r}\frac{\partial^2 \varphi}{\partial r \partial \theta} - \frac{1}{r^2}\frac{\partial \varphi}{\partial \theta}\right) + \left[\frac{1}{r^2}\frac{\partial^2 \psi}{\partial \theta^2} - r\frac{\partial}{\partial r}\left(\frac{1}{r}\frac{\partial \psi}{\partial r}\right)\right] \right\} \tag{2.2.10}$$

将式(2.2.6)、式(2.2.7)代入式(2.2.8)~式(2.2.10)可以得到巷道围岩应力的表达式为

$$\sigma_{rr} = \frac{2\mu}{r^2} \sum_{n=0}^{\infty} [\varepsilon_n(\mathrm{i})^n \varphi_0 \varepsilon_{11}^{(1)} + A_n \varepsilon_{11}^{(3)} + B_n \varepsilon_{12}^{(3)}] \cos n\theta \mathrm{e}^{-\mathrm{i}\omega t} \tag{2.2.11}$$

$$\sigma_{r\theta} = \frac{2\mu}{r^2} \sum_{n=0}^{\infty} [\varepsilon_n(\mathrm{i})^n \varphi_0 \varepsilon_{41}^{(1)} + A_n \varepsilon_{41}^{(3)} + B_n \varepsilon_{42}^{(3)}] \sin n\theta \mathrm{e}^{-\mathrm{i}\omega t} \tag{2.2.12}$$

$$\sigma_{\theta\theta} = \frac{2\mu}{r^2} \sum_{n=0}^{\infty} [\varepsilon_n(\mathrm{i})^n \varphi_0 \varepsilon_{21}^{(1)} + A_n \varepsilon_{21}^{(3)} + B_n \varepsilon_{22}^{(3)}] \cos n\theta \mathrm{e}^{-\mathrm{i}\omega t} \tag{2.2.13}$$

式中，$\varepsilon_{11}^{(1)}$、$\varepsilon_{11}^{(3)}$、$\varepsilon_{12}^{(3)}$…为不同类型波对圆孔周边应力贡献因子；r 为圆形巷道半径；μ 为弹性介质的 Lame 常数。

根据弹性理论可知，在未支护的情况下，半径为 a 的圆形巷道在 $r=a$ 处的应力边界条件为

$$\sigma_{rr}\big|_{r=a}=0,\ \sigma_{r\theta}\big|_{r=a}=0 \qquad (2.2.14)$$

将式（2.2.14）代入式（2.2.11）～式（2.2.13）可以得到待定系数 A_n 和 B_n 的表达式为

$$A_n=-\varepsilon_n \mathrm{i}^n \varphi_0 \dfrac{\begin{vmatrix} E_{11}^{(1)} & E_{12}^{(3)} \\ E_{41}^{(1)} & E_{42}^{(3)} \end{vmatrix}}{\begin{vmatrix} E_{11}^{(3)} & E_{12}^{(3)} \\ E_{41}^{(3)} & E_{42}^{(3)} \end{vmatrix}} \qquad (2.2.15)$$

$$B_n=-\varepsilon_n \mathrm{i}^n \varphi_0 \dfrac{\begin{vmatrix} E_{11}^{(3)} & E_{11}^{(1)} \\ E_{41}^{(3)} & E_{41}^{(1)} \end{vmatrix}}{\begin{vmatrix} E_{12}^{(3)} & E_{12}^{(3)} \\ E_{41}^{(3)} & E_{42}^{(3)} \end{vmatrix}} \qquad (2.2.16)$$

式中，$E_{11}^{(1)}$、$E_{41}^{(1)}$、$E_{21}^{(1)}$ 等分别是 $\varepsilon_{11}^{(1)}$、$\varepsilon_{41}^{(1)}$、$\varepsilon_{21}^{(1)}$ 等在 $r=a$ 时的值。

根据平面应变问题，谐波作用下，未开挖岩体中各介质点上的动应力峰值可以表示为

$$\sigma_0=\mu\beta^2\varphi_0 \qquad (2.2.17)$$

因此，在圆形巷道开挖后，围岩中的环向动态应力分布可以通过动态应力集中因子表示为

$$\overline{\sigma_{\theta\theta}}=\dfrac{2}{\beta^2 r^2}\sum_{n=0}^{\infty}\left\{\varepsilon_n(\mathrm{i})^n\left[\varepsilon_{21}^{(1)}+A_n'\varepsilon_{21}^{(3)}+B_n'\varepsilon_{22}^{(3)}\right]\right\}\cos n\theta\,\mathrm{e}^{-\mathrm{i}\omega t} \qquad (2.2.18)$$

式中，$A_n'=A_n/\varepsilon_n \mathrm{i}^n\varphi_0$，$B_n'=B_n/\varepsilon_n \mathrm{i}^n\varphi_0$。

此外，从式中可以发现该式为调和函数，且由实部和虚部两部分组成，为了简化计算可以将其转化为

$$\overline{\sigma_{\theta\theta}}=\left[R(\omega)+\mathrm{i}I(\omega)\right]\mathrm{e}^{-\mathrm{i}\omega t} \qquad (2.2.19)$$

式中的实部 $R(\omega)$ 是 $t=0$ 时的应力，虚部是 $t=T/4$ 时的应力（图 2-5 所示），这里 T 是入射波的周期。

当波数 $\alpha\to 0$ 时，式（2.2.19）可以表示为

$$\overline{\sigma_{\theta\theta}}=\dfrac{2}{\kappa^2}\left[(\kappa^2-1)-2\cos 2\theta\right] \qquad (2.2.20)$$

上式为波数无限趋于 0 的一个极限解，其结果与静荷载作用下巷道圆形周边

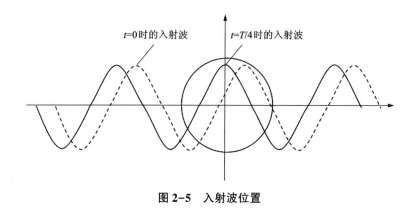

图 2-5 入射波位置

的 Kirsch 解一致。

2.2.2 平面波作用下的稳态应力集中

通过以上的分析可以发现，影响平面波在圆形巷道周边的动态响应有波数、泊松比和入射波周期。本小节在解析计算的基础上对不同条件下巷道周边的动态应力集中因子进行了计算，根据计算结果充分研究了平面简谐波散射的稳态响应，其中计算中涉及的主要参数：圆形半径 $a=1.0$ m，岩石密度 $\rho=2620$ kg/m^3，岩石弹性模量 $E=16.26\times10^9$。另外，本章的分析中将巷道周边应力为负值的区域定义为拉应力集中区，该范围内的应力方向与入射应力方向相反，将应力集中因子大于 1 的区域称为压应力集中区，将应力集中因子小于 1 的区域称为应力降低区。

图 2-6 是平面波作用下圆形巷道周边（$r=a$）的动态应力集中因子的分布特征，其中，入射波时间 $t=0$。从图中可以发现，巷道周边动态应力集中因子的变化特征与波数和泊松比都密切相关。当泊松比 $\nu=0.15$、波数 $\alpha=0.2$ 时，应力集中因子沿 $\theta=0(\pi)$ 和 $\theta=\pi/2(3\pi/2)$ 方向对称分布，并且这两个方向取得了应力集中因子的最小值-0.7 和最大值 3.0。此外，压应力集中区主要分布在 $\theta=\pi/4\sim$ $3\pi/4$ 和 $\theta=5\pi/4\sim7\pi/4$ 范围内，拉应力集中区主要分布在 $\theta=11\pi/6\sim\pi/6$ 和 $\theta=$ $5\pi/6\sim7\pi/6$ 范围内，应力降低区分布在拉压应力集中区的过渡区域。当波数为 1.0 时，巷道周边的应力集中因子发生了明显变化，应力因子出现了三个峰值区，即两个压应力峰值区和一个应力降低峰值区。其中，应力降低区沿应力波入射方向（$\theta=\pi$）分布在 $\theta=11\pi/6\sim\pi/6$ 范围内，两个压应力峰值区也偏向于应力波入射方向，分布在 $\theta=\pi/2\sim\pi2/3$ 范围内，在 $\theta=\pi/4$、π 和 $7\pi/4$ 附近出现了拉应力集中区。当波数为 3.0 时，应力集中因子在巷道周边出现了四个峰值区，即两个压

应力峰值区和两个应力降低峰值区，其中，压应力峰值区与波数为 1.0 时相似，并逐渐偏移回 $\theta = \pi/2$（或 $3\pi/2$）方向，两个应力降低峰值区沿应力入射方向分布，并随波数增加逐渐趋于 0。

　　当泊松比为 0.25 时，不同波数的应力集中因子沿巷道周围的变化趋势大致与泊松比为 0.15 的情况相似；波数为 0.2 的压应力集中区峰值降低，并无明显拉应力集中；波数为 1.0 的应力降低区峰值降低，而波数为 3.0 的应力降低区峰值增加，并与波数为 0.2 时相同。当泊松比大于 0.35 时，应力集中因子分布相比之前两种情况发生了较为明显的变化，波数为 0.2 的应力集中因子在 $\theta = 0$ 和 π 方向明显增大，从应力降低区逐渐过渡为压应力集中区；波数为 1.0 和 3.0 的压应力峰值均从压应力区逐渐过渡到应力降低区，并往应力入射方向巷道的另一端偏；此外，波数为 1.0 的应力集中因子在应力波入射方向的巷道周边逐渐增大并趋于稳定，在巷道另一端则逐渐减小，形成明显的拉应力集中区；波数为 3.0 的应力集中因子在巷道周边逐渐减小并趋于 0。

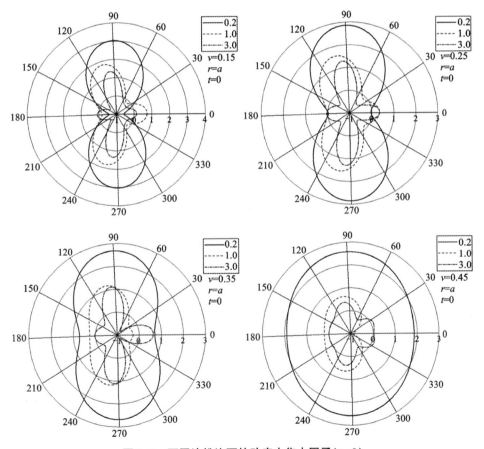

图 2-6　不同泊松比下的动应力集中因子（$t=0$）

　　另外，当波数较小时($\alpha=0.2$)，巷道周边的应力集中因子与式(2.2.20)的集中因子(图2-7)的分布形状相似，且稍大于静应力集中因子，基本上可以说明低波数下巷道周边的稳态解与静荷载下的 Kirsch 解相似。因此可以得出在巷道半径较小时，可以用静力解近似评估围岩的稳定性。

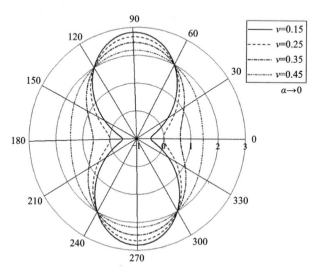

图2-7　平面波作用下巷道周边的静应力集中因子($\alpha \rightarrow 0$)

　　图2-8是平面波作用下圆形巷道周边($r=a$)的动态应力集中因子的分布特征，其中，入射波时间$t=T/4$。从图中可以发现：$t=T/4$时，巷道周边的应力集中因子的峰值均小于$t=0$时，应力集中分布特征也表现出明显的差异。泊松比为0.15和0.25时，三种波数下的动态应力集中因子在巷道周边的分布特征基本相同，且此时巷道周边主要表现为应力降低区和拉应力集中区。当波数为0.2时，应力集中因子表现为三个应力峰值，其中两个应力峰值出现在应力降低区且偏向应力波入射的另一端，应力降低区主要分布在$\theta=\pi/6 \sim 2\pi/3$和$\theta=4\pi/3 \sim 11\pi/6$的范围内，峰值分别出现在$\theta=\pi/3$和$\theta=5\pi/3$处，另一个应力峰值出现在$\theta=2\pi/3 \sim 4\pi/3$的拉应力集中区，峰值出现在应力波入射方向$\theta=\pi$。当波数为1.0时，应力因子在巷道周边也出现了三个应力峰值区，且应力因子在应力波入射另一端的巷道周边的分布形状基本与波数为0.2相似，在应力波入射方向，应力由拉应力集中区过渡到应力降低区，并在应力降低区的两侧出现了较小范围内的拉应力集中区。当波数为3.0时，在入射端的应力集中分布与波数为1.0时相似，在$\theta=\pi/2 \sim 5\pi/6$和$\theta=7\pi/6 \sim 3\pi/2$的范围内出现了明显的拉应力集中，且最大拉应力集中因子出现在$\theta=2\pi/3$和$\theta=4\pi/3$附近，约为-1.35。

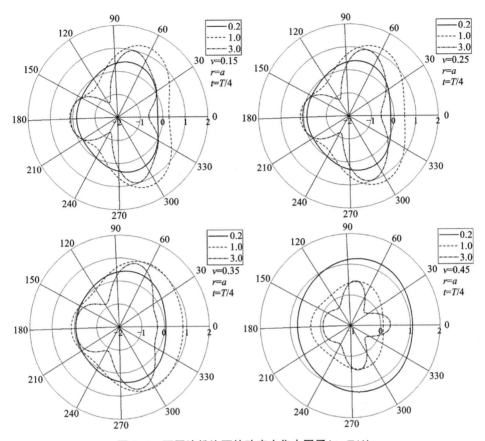

图 2-8　不同泊松比下的动应力集中因子($t=T/4$)

当泊松比为 0.35 时,波数为 0.2 的应力集中分布形状无明显变化,在 $\theta=0$ 和 π 附近的应力集中因子为 0,在其他方向均为应力降低区;波数为 1.0 时,在 $\theta=0$ 处的拉应力集中分布的范围较泊松比为 0.25 时大,主要分布在 $\theta=-\pi/4\sim\pi/4$ 方向,且应力集中因子在 $\theta=0$ 附近有轻微凸起,说明拉应力集中程度减小,在 $\theta=2\pi/3$ 和 $\theta=4\pi/3$ 附近的拉应力集中程度也明显减小;波数为 3.0 的应力集中因子在应力波入射方向的巷道周边与泊松比为 0.25 时相似,在巷道的另一端逐渐趋于 1,说明该范围内未出现应力集中。

当泊松比为 0.45 时,波数为 0.2 的应力集中分布形状与泊松比为 0.35 时相似,应力集中因子的值基本趋于 1,说明较小波数(低波数)应力波在较大泊松比介质的巷道附近不易发生应力集中;波数为 1.0 的应力波在巷道周边的应力集中因子均大于 0 小于 1,说明此时巷道附近不会形成拉压应力集中区,只会形成应力降低区；当波数为 3.0 时，应力集中因子在巷道周边形成了四个峰值区，其中，三个应力峰值区出现在应力降低区，大致为 $\theta=\pi/3\sim\pi/2$、$\theta=3\pi/2\sim5\pi/3$ 和 $\theta=-\pi/3\sim\pi/3$，对应的峰值分别出现在 $\theta=0$、$\pi/2$ 和 $3\pi/2$ 附近；巷道周边的其他区域均为拉应力集中区，且另一个应力峰值也出现在拉应力集中区的 $\theta=\pi$ 附近。

从上面的分析可以发现，较大的应力集中因子主要出现在 $\theta=\pi/2$ 和 $\theta=\pi$ 附近，为了进一步揭示环向动态应力集中因子与波数和泊松比的变化特征，图 2-9 给出了 $\theta=\pi/2$ 和 $\theta=\pi$ 方向应力集中因子的变化关系。从图中可以发现，随着波数的增加，不同时间 t 的应力集中因子均逐渐趋于一个渐进值。当 $\theta=\pi/2$ 时，时间 $t=0$ 的应力波在巷道周边的环向应力集中因子趋近 1，表明入射应力波的频率非常高时，圆形边界如同一个平面边界，致使环向应力的值近似等于入射应力场的值；时间 $t=T/4$ 的应力波在巷道周边的环向应力集中因子逐渐 0，根据应力波在自由面反射的应力为零，可以将此时的入射边界看成一个应力为零的自由边界，同理，$\theta=\pi$ 的巷道周边也可以看成应力为零的自由边界，即随着入射应力波的频率增加，边界上的应力处处为零。此外，从图中还可以发现，$\theta=\pi/2$ 时，时间 $t=T/4$ 的应力波在一定泊松比范围内的介质中散射的应力集中因子随波数的变化趋势基本相同，无明显变化。

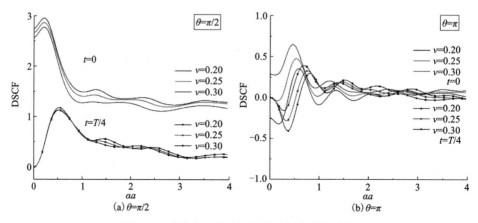

图 2-9　动态应力集中因子随波数的变化特征

2.2.3　应力波散射的瞬态求解

为了解决非周期扰动的瞬态问题，首先引入傅立叶积分将非周期动态应力波分解成它的简谐分量，然后求出简谐分量作用的稳态问题，最后将各分量相互叠加得到非周期性扰动荷载 $f(t)$ 作用下的动态响应为[11]

$$g(x_i,\ \hat{t}) = \frac{1}{\sqrt{2\pi}} \int_{-\infty}^{\infty} X(x_i,\ \omega) F(\omega) e^{-i\omega \hat{t}} d\omega \tag{2.2.21}$$

式中，$F(\omega)$ 是任意周期动载 $f(t)$ 的傅立叶变换；$X(x_i,\ \omega)$ 是导纳函数，即稳定状态下的动态应力集中因子；$\hat{t}$ 是使波振面的时刻为零的局部时间，在瞬态响应模型中，以入射应力波到达巷道边界时间为动态作用的初始时间，总的作用时间 t 可以用应力波传播半径长度 a 所需时间进行归一化处理，得到应力波作用时间 $\bar{t}$ 的无量纲表达式为

$$\bar{t} = \frac{c_p \hat{t}}{a} \tag{2.2.22}$$

式中，c_p 是岩体中传播的 P 波波速。

根据式（2.2.21）和式（2.2.22）可以直接知道第 1 章中的 δ 函数和单位阶梯函数，然后联立式（2.2.18）和式（2.2.21）可以直接得到平面波作用下，巷道周边的瞬态响应，即巷道周边的动态应力集中因子。其中，平面波作用下的瞬态应力集中因子为

$$\overline{\sigma_{P\theta\theta}}(\bar{t})\,|_{r=a} = \frac{i}{\pi} \int_{-\infty}^{\infty} \frac{\displaystyle\sum_{n=0}^{\infty} (i)^n \varepsilon_n (\alpha r_0) \left[\varepsilon_{21}^{(1)} + A_n' \varepsilon_{21}^{(3)} + B_n' \varepsilon_{22}^{(3)} \right] \cos n\theta\, e^{-i\omega t}}{\omega \kappa^2 R_\omega^2} d\omega \tag{2.2.23}$$

柱面波作用下的瞬态应力集中因子为

$$\overline{\sigma_{C\theta\theta}}(\bar{t})\,|_{r=a} = \frac{i}{\pi} \int_{-\infty}^{\infty} \frac{1}{\omega R_\omega^2} \frac{\displaystyle\sum_{n=0}^{\infty} (-1)^n \varepsilon_n H_n^{(1)}(\alpha r_0) \left[\varepsilon_{21}^{(1)} + A_n' \varepsilon_{21}^{(3)} + B_n' \varepsilon_{22}^{(3)} \right] \cos n\theta\, e^{-i\omega t}}{\left[H_2^{(1)}(\alpha \bar{r}) + (1 - \kappa^2) H_0^{(1)}(\alpha \bar{r}) \right]} d\omega \tag{2.2.24}$$

其中，以上两式中的 A_n'、B_n' 分别为平面波和柱面波各自对应的系数，$R_{e\omega} = R_\omega = \alpha a$。

然而，通过式（2.2.23）和式（2.2.24）求解应力波巷道周边的瞬态响应非常困难。为此，先从单位脉冲波着手，当输入的函数为单数脉冲波时，δ 函数的傅立叶变换就可以根据式（1.9.22）表示为

$$\delta(t) \leftrightarrow \frac{1}{\sqrt{2\pi}} \tag{2.2.25}$$

将上式代入式（2.2.21）就可以得到单位脉冲波的动态响应

$$g_\delta(x_i,\ \hat{t}) = \frac{1}{2\pi} \int_{-\infty}^{\infty} X(x_i,\ \omega) e^{-i\omega t} d\omega \tag{2.2.26}$$

上式也可以称为脉冲反应。从该式可以发现，导纳函数 $X(x_i,\ \omega)$ 与脉冲反应

形成了一对傅立叶变换。

基于上面的分析可知，对于任意一个非周期动态荷载 $f(t)$，都可以通过式 (2.2.21) 和 δ 函数确定系统的动态响应为

$$g(x_i, t) = \int_{-\infty}^{\infty} f(\tau) g_\delta(x_i, t - \tau) \mathrm{d}\tau \tag{2.2.27}$$

或者可以表示为

$$g(x_i, t) = \int_{-\infty}^{\infty} f(t - \tau) g_\delta(x_i, \tau) \mathrm{d}\tau \tag{2.2.28}$$

因为 δ 函数是因果函数，根据因果关系条件可知脉冲应力也应该满足条件。于是当 $t < \tau$ 时，脉冲反应可以表示为

$$g_\delta(x_i, t - \tau) = g_\delta(x_i, \tau) = 0 \tag{2.2.29}$$

因此，式 (2.2.27) 和 (2.2.28) 可以简化为

$$g(x_i, t) = \int_{-\infty}^{t} f(\tau) g_\delta(x_i, t - \tau) \mathrm{d}\tau \tag{2.2.30}$$

$$g(x_i, t) = \int_{0}^{\infty} f(t - \tau) g_\delta(x_i, \tau) \mathrm{d}\tau \tag{2.2.31}$$

另外，由于 $t < \tau$ 时，$f(t - \tau) = 0$，系统还未受到动态荷载的扰动，故 $f(t)$ 也具有因果性。可以继续将式 (2.2.30) 和 (2.2.31) 化为

$$g(x_i, t) = \int_{0}^{t} f(\tau) g_\delta(x_i, t - \tau) \mathrm{d}\tau \tag{2.2.32}$$

$$g(x_i, t) = \int_{0}^{t} f(t - \tau) g_\delta(x_i, \tau) \mathrm{d}\tau \tag{2.2.33}$$

式 (2.2.32) 和 (2.2.33) 就是 Duhamel 积分，表示了动态响应在时间上的叠加原理。这也为求解任意非周期荷载作用下的瞬态响应提供了思路，即通过阶梯函数表示任意荷载下的瞬态响应。

根据阶梯函数与 δ 函数的关系式 (2.2.33)，可以将阶梯函数的阶跃响应 $u_h(x_i, t)$ 表示为

$$g_h(x_i, t) = \int_{0}^{t} g_\delta(x_i, \tau) \mathrm{d}\tau \tag{2.2.34}$$

而脉冲反应 (2.2.29) 可以通过欧拉公式进一步简化为

$$g_\delta(x_i, t) = \frac{2}{\pi} \int_{0}^{\infty} X(x_i, \omega) \cos\omega t \mathrm{d}\omega \tag{2.2.35}$$

因此，根据式 (2.2.32) 可以将任意非周期荷载 $f(t)$ 作用下的瞬态反应表示为

$$g(x_i, t) = \int_{0}^{t} f(\tau) g_h'(t - \tau) \mathrm{d}\tau \tag{2.2.36}$$

式 (2.2.36) 经过分部积分可以简化为

$$g(x_i, t) = f(0) g_h(t) + \int_{0}^{t} f'(\tau) g_h(t - \tau) \mathrm{d}\tau \tag{2.2.37}$$

根据阶跃函数的变化特征和实际工程问题中动态荷载的特点，大部分荷载到达峰值之前均有一个较短上升时间才到达峰值，经过峰值后逐渐减小。整体作用过程用一个单位的半正弦波表示如图 2-10 所示。

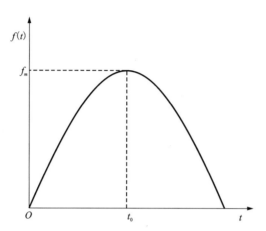

图 2-10　岩石受等效爆破荷载曲线示意图

对应的函数关系式可以表示为

$$f(t) = \begin{cases} \sin\left(\dfrac{\pi t}{t_0}\right) & 0 \leqslant t < t_0 \\ 0 & t \geqslant t_0 \end{cases} \tag{2.2.38}$$

将式(2.2.38)代入式(2.2.37)可得到动态荷载的瞬态响应。其中，当 $0 \leqslant t < t_0$ 时，荷载的瞬态响应可以表示为

$$\begin{aligned} g(x_i, t) &= \frac{2}{\pi}\int_0^t f'(\tau)\,\mathrm{d}\tau\int_0^\infty \frac{X(x_i, \omega)\sin\omega(t-\tau)}{\omega}\,\mathrm{d}\omega \\ &= \int_0^\infty \frac{X(x_i, \omega)}{\omega}\left[\frac{\cos\omega t - \cos(\pi t/t_0)}{\pi - \omega t_0} + \frac{\cos\omega t - \cos(\pi t/t_0)}{\pi + \omega t_0}\right]\mathrm{d}\omega \end{aligned} \tag{2.2.39}$$

当 $t \geqslant t_0$ 时，荷载的瞬态响应可以表示为

$$\begin{aligned} g(x_i, t) &= \frac{2}{\pi}\int_0^t f'(\tau)\,\mathrm{d}\tau\int_0^\infty \frac{X(x_i, \omega)\sin\omega(t-\tau)}{\omega}\,\mathrm{d}\omega \\ &= \int_0^\infty \frac{X(x_i, \omega)}{\omega}\left[\frac{\cos\omega t - \cos(\pi + \omega t - \omega t_0)}{\pi - \omega t_0} + \frac{\cos\omega t - \cos(\pi + \omega t_0 - \omega t)}{\pi + \omega t_0}\right]\mathrm{d}\omega \end{aligned} \tag{2.2.40}$$

从式(2.2.39)、式(2.2.40)可以发现，求解巷道周边的瞬态响应的关键在于

求频率响应的实部 $X(x_i, \omega)$，即导纳函数。由于导纳函数是关于波数的函数，所以可以通过编程计算直接从式(2.2.18)中得到平面波实部，然后将实部代入式瞬态响应表达式并对波数积分，从而获得动载函数在巷道周边的动态应力集中因子。

2.2.4 平面波作用下的瞬态应力集中

从上面的理论分析可知，非周期荷载在巷道周边的瞬态响应主要影响因素有巷道周边的频率响应(导纳函数)和应力波在巷道周边的作用时间，而频率响应又与应力波在巷道周边稳态响应密切相关。因此，本节将在平面波稳态响应的基础上，进一步从泊松比和应力波作用时间分析任意非周期平面动荷载在巷道周边的瞬态响应。图 2-11 到图 2-13 是不同条件平面作用下巷道周边的瞬态力学响应。

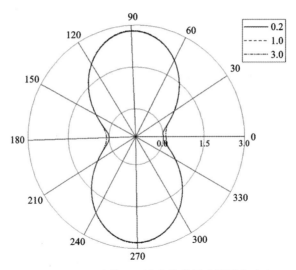

图 2-11　不同波数平面波在巷道周边的瞬态响应

图 2-11 是不同波数平面应力波作用下，巷道周边的瞬态响应，即瞬态应力集中因子，其中泊松比为 0.25，无量纲时间为 20。从图中可以看到，不同波数应力波在巷道周边引起的瞬态响应基本相同，且在巷道周边呈对称分布，最大值出现在巷道周边 $\theta=0$、$\theta=\pi$ 和 $\theta=\pi/2$、$\theta=3\pi/2$ 附近，其中 DSCF 最大值为 2.8，最小值趋于 0。

图 2-12 是不同泊松比下平面波在巷道周边的瞬态响应，从图中可以发现平面瞬态波作用下，巷道周边的动态应力基本沿巷道对称分布，其中波数和作用时间分别为 3.0 和 2.0。在压应力集中区，应力集中程度随泊松比的增大而逐渐减小，对应的应力集中峰值分别为：2.95、2.78、2.60 和 2.50；在巷道周边 $\theta=0$ 和

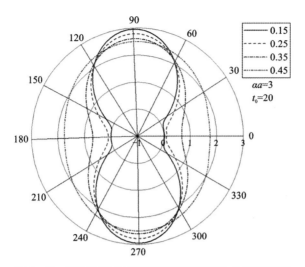

图 2-12　不同泊松比下平面波在巷道周边的瞬态响应

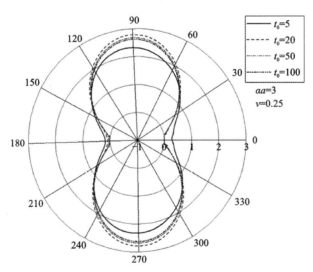

图 2-13　平面波在巷道周边作用不同时间引起的动态应力集中

$\theta=\pi$ 附近，应力集中程度随泊松比的增加而增大，对应的极值分别为：0、0.1、0.68 和 1.75。

图 2-13 是平面波在巷道周边作用不同时间引起的动态应力集中因子，其中波数为 3.0，泊松比为 0.25。从图中可以发现平面波在巷道周边压应力集中区引

起的瞬态应力集中因子随应力波作用时间的增加先增大后减小，其中在 $t_0 = 20$ 时，应力集中因子最大为 2.78；在 $t_0 = 5$ 时，应力集中因子最小为 2.33。根据理论计算得到波数为 2728 m/s 的应力波经过直径为 1 m 的巷道需要的无量纲时间为 22 s，由此可知应力波在巷道周边作用时间大于或者小于该时间，巷道周边的应力集中均会减小，而越接近该时间，应力集中程度越大。

2.3 复变函数法求解

上一节中利用波函数展开法求解 P 波散射问题，这一节中将采用复变函数法进行求解。首先假定岩石介质是线弹性的，均匀的，且各向同性的。岩石介质的密度为 ρ，杨氏模量为 E，泊松比为 ν。在无限域中，洞室截面假定为一半径为 r 的圆形，取横截面为研究对象，介质微元在垂直于平面的方向上应变为 0，则模型符合平面应变假定。

2.3.1 工程动力扰动波函数

空间上，以洞室截面中心为坐标原点 O，平面波入射方向为 x 轴正方向，建立笛卡尔平面直角坐标系。时间上，对于稳态波入射，将入射波波峰到达坐标原点的时刻作为 0 时刻；对于瞬态波入射，将入射波波阵面到达坐标原点的时刻作为 0 时刻。模型几何示意图如图 2-14 所示。

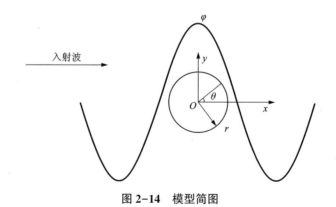

入射波

图 2-14　模型简图

前面通过波函数展开法对半正弦波经圆孔散射的动应力集中问题进行了分析。在地震波的正演模型研究中，地震子波是地震波的基本单元，可以表达波源的基本特征，地震数据可以通过地震子波结合褶积模型来获取[14-16]。一般认为，单个地震震源所激发的是一个时间较短的尖脉冲，当地震波在地层中传播时，由于黏弹性地层介质对高频分量的衰减频散作用，使得波形被拉长，并形成地震子波。根据子波相位谱延迟的不同，地震子波可以分为最小相位子波，最大相位子波以及混合相位子波。

实际地震中的地震子波一般是最小相位子波，其能量主要集中在波形前部，具有上升沿较快而下降沿较慢的特征[17]。因此，本节所使用的瞬态波模型，也是一种最小相位子波，波形从 0 到达波峰的时间为 T_1，从起始到衰减到 0 的时间为 T_2，且幅值为 1。其时间函数如图 2-15 所示。

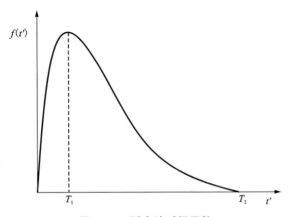

图 2-15　瞬态波时间函数

图中的 t' 是正则化的时间，其时间零点为波阵面到达质点位置的时刻。表示在整个模型的时间轴 t 上，有 $t'=t-t_0$，式中 $t_0=(\zeta+\bar\zeta)/(2c_p)$ 为应力波从坐标原点传播到质点所在位置的时间。

在 t 轴上，瞬态波可以表示为

$$f(t,t_0)=\begin{cases} e^{\frac{a}{b}\arctan\left(\frac{b}{a}\right)}\sqrt{1+\left(\frac{a}{b}\right)^2}\cdot e^{-a(t-t_0)}\sin b(t-t_0) & a\geqslant 0 \\ e^{\frac{a}{b}\left[\arctan\left(\frac{b}{a}\right)+\pi\right]}\sqrt{1+\left(\frac{a}{b}\right)^2}\cdot e^{-a(t-t_0)}\sin b(t-t_0) & a<0 \\ 0 & t<t_0\cup t>T_2+t_0 \end{cases}$$

(2.3.1)

式中，a 和 b 为一对波形控制参数，来刻画波峰位置以及波的周期，其定义式为

$$\begin{cases} b = \dfrac{\pi}{T_2} \\ a = b\cot bT_1 = (\pi/T_2)\cot\pi T_1/T_2 \end{cases} \tag{2.3.2}$$

为了表示瞬态波波形，引入参数 ratio，表示上升沿占整个波长的比值。也可通过波形参数，定义为

$$\text{ratio} = \frac{\arctan\dfrac{b}{a}}{\pi} \tag{2.3.3}$$

易知，对于本书中所取瞬态波模型，应有 ratio<0.5。

2.3.2 稳态波场复变函数求解法

求解围岩对瞬态荷载的响应，首先需要将稳态响应的解析解求出。本章采用复变函数法进行求解，该方法具有形式简洁的特性，且能够通过保角变换技术将圆域问题转换到其他几何形状映射域进行求解[18, 19]。

将问题引入复平面中，并引入一对共轭复变量

$$\begin{cases} \zeta = x + iy \\ \bar{\zeta} = x - iy \end{cases} \tag{2.3.4}$$

假设入射波为平面稳态 P 波，入射方向为 x 轴正方向，具有圆频率 ω，其势函数表达式为[20]

$$\Phi^{(i)} = \text{Re}\left[\varphi_0 e^{i\left(\alpha\frac{\zeta+\bar{\zeta}}{2} - \omega t\right)} \right] \tag{2.3.5}$$

式中，$\alpha = \omega/c_p$ 表示 P 波波数。φ_0 表示入射波的振幅，在本章的余下讨论中，将默认 $\varphi_0 = 1$，表达式中略去此参量。当 P 波入射到洞室表面时，会发生散射和反射，并产生新的散射 P 波波场和散射 SV 波波场。由 2.2 节的分析可以得到满足波动方程的散射波复势函数。由于场内各力学参量均为实数，故只取其实部如下。

$$\Phi^{(s)} = \text{Re}\left[\varphi^{(s)} e^{-i\omega t} \right] \tag{2.3.6}$$

$$\Psi^{(s)} = \text{Re}\left[\psi^{(s)} e^{-i\omega t} \right] \tag{2.3.7}$$

在稳态情况下，所有力学参量的时间函数均相同，故为了方便起见，在随后的研究中忽略时间函数，仅研究空间函数。

考虑到散射波场均为自坐标原点向外传播的行波波场，故其空间函数可以分别表示为如下级数表达式

$$\varphi^{(s)}(\zeta) = \sum_{n=-\infty}^{\infty} A_n H_n^{(1)}(\alpha|\zeta|) \left(\frac{\zeta}{|\zeta|} \right)^n \tag{2.3.8}$$

$$\psi^{(s)}(\zeta) = \sum_{n=-\infty}^{\infty} B_n H_n^{(1)}(\beta|\zeta|) \left(\frac{\zeta}{|\zeta|} \right)^n \tag{2.3.9}$$

式中的 α 和 β 分别为 P 波和 SV 波的波数。A_n 和 B_n 为一系列待定系数，需要通过边界条件来确定。

模型中的全波场由上述各分量叠加而成，即

$$\Phi = \Phi^{(i)} + \Phi^{(s)} \tag{2.3.10}$$

$$\Psi = \Psi^{(s)} \tag{2.3.11}$$

2.2 节中已经提到过弹性力学平面应变问题中，应力与位移势的关系为

$$\begin{cases} \sigma_\rho + \sigma_\theta = -2\alpha^2(\lambda+\mu)\Phi \\ \sigma_\rho - \sigma_\theta + 2\mathrm{i}\tau_{\rho\theta} = -8\mu\dfrac{\partial^2}{\partial\zeta^2}(\Phi+\mathrm{i}\Psi)\mathrm{e}^{2\mathrm{i}\theta} \end{cases} \tag{2.3.12}$$

容易得到一组共轭关系

$$\begin{cases} \sigma_\rho - \mathrm{i}\tau_{\rho\theta} = -\alpha^2(\lambda+\mu)\Phi + 4\mu\dfrac{\partial^2}{\partial\zeta^2}(\Phi+\mathrm{i}\Psi)\mathrm{e}^{2\mathrm{i}\theta} \\ \sigma_\rho + \mathrm{i}\tau_{\rho\theta} = -\alpha^2(\lambda+\mu)\Phi + 4\mu\dfrac{\partial^2}{\partial\bar{\zeta}^2}(\Phi-\mathrm{i}\Psi)\mathrm{e}^{-2\mathrm{i}\theta} \end{cases} \tag{2.3.13}$$

将全波表达式代入式(2.3.13)，可得

$$\sigma_\rho - \mathrm{i}\tau_{\rho\theta} = -\alpha^2(\lambda+\mu)\mathrm{Re}\left\{\left[\varphi_0\mathrm{e}^{\mathrm{i}\alpha\frac{\zeta+\bar{\zeta}}{2}} + \sum_{n=-\infty}^{\infty}A_nH_n^{(1)}(\alpha|\zeta|)\left(\frac{\zeta}{|\zeta|}\right)^n\right]\mathrm{e}^{-\mathrm{i}\omega t}\right\} +$$

$$4\mu\frac{\partial^2}{\partial\zeta^2}\left\{\begin{array}{l}\mathrm{Re}\left[\left(\varphi_0\mathrm{e}^{\mathrm{i}\alpha\frac{\zeta+\bar{\zeta}}{2}} + \sum_{n=-\infty}^{\infty}A_nH_n^{(1)}(\alpha|\zeta|)\left(\frac{\zeta}{|\zeta|}\right)^n\right)\mathrm{e}^{-\mathrm{i}\omega t}\right] + \\ \mathrm{iRe}\left[\left(\sum_{n=-\infty}^{\infty}B_nH_n^{(1)}(\beta|\zeta|)\left(\frac{\zeta}{|\zeta|}\right)^n\right)\mathrm{e}^{-\mathrm{i}\omega t}\right]\end{array}\right\}\mathrm{e}^{2\mathrm{i}\theta}$$

$$\sigma_\rho + \mathrm{i}\tau_{\rho\theta} = -\alpha^2(\lambda+\mu)\mathrm{Re}\left\{\left[\varphi_0\mathrm{e}^{\mathrm{i}\alpha\frac{\zeta+\bar{\zeta}}{2}} + \sum_{n=-\infty}^{\infty}A_nH_n^{(1)}(\alpha|\zeta|)\left(\frac{\zeta}{|\zeta|}\right)^n\right]\mathrm{e}^{-\mathrm{i}\omega t}\right\} +$$

$$4\mu\frac{\partial^2}{\partial\bar{\zeta}^2}\left\{\begin{array}{l}\mathrm{Re}\left[\left(\varphi_0\mathrm{e}^{\mathrm{i}\alpha\frac{\zeta+\bar{\zeta}}{2}} + \sum_{n=-\infty}^{\infty}A_nH_n^{(1)}(\alpha|\zeta|)\left(\frac{\zeta}{|\zeta|}\right)^n\right)\mathrm{e}^{-\mathrm{i}\omega t}\right] + \\ \mathrm{iRe}\left[\left(\sum_{n=-\infty}^{\infty}B_nH_n^{(1)}(\beta|\zeta|)\left(\frac{\zeta}{|\zeta|}\right)^n\right)\mathrm{e}^{-\mathrm{i}\omega t}\right]\end{array}\right\}\mathrm{e}^{-2\mathrm{i}\theta}$$

$$\tag{2.3.14}$$

本模型中，圆孔周边满足应力自由条件，即径向应力和剪应力为零，边界条件可表示为

$$\begin{cases} \zeta = r \cdot \mathrm{e}^{\mathrm{i}\theta} \\ \sigma_\rho - \mathrm{i}\tau_{\rho\theta} = 0 \\ \sigma_\rho + \mathrm{i}\tau_{\rho\theta} = 0 \end{cases} \tag{2.3.15}$$

由 2.1 节中提到的贝塞尔函数递推性质，可以得到

$$\begin{cases} \dfrac{\partial}{\partial \zeta}\left[H_n(\alpha|\zeta|)\left(\dfrac{\zeta}{|\zeta|}\right)^n\right] = \dfrac{\alpha}{2}H_{n-1}(\alpha|\zeta|)\left(\dfrac{\zeta}{|\zeta|}\right)^{n-1} \\ \dfrac{\partial}{\partial \bar{\zeta}}\left[H_n(\alpha|\zeta|)\left(\dfrac{\zeta}{|\zeta|}\right)^n\right] = -\dfrac{\alpha}{2}H_{n+1}(\alpha|\zeta|)\left(\dfrac{\zeta}{|\zeta|}\right)^{n+1} \end{cases} \qquad (2.3.16)$$

上述关系可以在求导过程中保证表达式的简洁性。将式(2.3.14)代入边界条件式(2.3.15),并运用上述关系,可以得到含有未知数 A_n 和 B_n 的线性方程组。

$$\begin{cases} \displaystyle\sum_{n=-\infty}^{\infty}\{e^{in\theta}[A_n(-\alpha^2(\lambda+\mu)H_n^{(1)}(\alpha r)+\mu\alpha^2 H_{n-2}^{(1)}(\alpha r))+B_n(i\cdot\mu\beta^2 H_{n-2}^{(1)}(\alpha r))]\} \\ = [\alpha^2(\lambda+\mu)+\mu\alpha^2 e^{2i\theta}]e^{i\alpha r\cos\theta} \\ \displaystyle\sum_{n=-\infty}^{\infty}\{e^{in\theta}[A_n(-\alpha^2(\lambda+\mu)H_n^{(1)}(\alpha r)+\mu\alpha^2 H_{n+2}^{(1)}(\alpha r))-B_n(i\cdot\mu\beta^2 H_{n+2}^{(1)}(\alpha r))]\} \\ = (\alpha^2(\lambda+\mu)+\mu\alpha^2 e^{-2i\theta})e^{i\alpha r\cos\theta} \end{cases}$$

$$(2.3.17)$$

根据整数阶贝塞尔函数的积分表达式,将右端平面波项展开成贝塞尔–复指数函数级数之和。

$$e^{i\alpha r\cos\theta} = \sum_{n=-\infty}^{\infty}i^n J_n(\alpha r)e^{in\theta} \qquad (2.3.18)$$

用指数项 $e^{is\theta}$(其中 s 为负无穷到正无穷的整数集)来与上式左右两端相乘,再在 $[-\pi, \pi]$ 上积分,利用复指数函数的正交性,可以得到无穷多组二阶线性方程组。

$$\begin{cases} A_s[-\alpha^2(\lambda+\mu)H_s^{(1)}(\alpha r)+\mu\alpha^2 H_{s-2}^{(1)}(\alpha r)]+B_s[i\cdot\mu\beta^2 H_{s-2}^{(1)}(\alpha r)] \\ = i^s\alpha^2(\lambda+\mu)J_s(\alpha r)+i^{s-2}\alpha^2\mu J_{s-2}(\alpha r) \\ A_s[-\alpha^2(\lambda+\mu)H_s^{(1)}(\alpha r)+\mu\alpha^2 H_{s+2}^{(1)}(\alpha r)]-B_s[i\cdot\mu\beta^2 H_{s+2}^{(1)}(\alpha r)] \\ = i^s\alpha^2(\lambda+\mu)J_s(\alpha r)+i^{s+2}\alpha^2\mu J_{s+2}(\alpha r) \end{cases}$$

$$(2.3.19)$$

从上式,可以解得未知数序列 A_n 和 B_n,进而得到全波场的解析表达式。

2.3.3 稳态动应力集中

洞室周边质点总满足径向应力为零的自由边界条件,因而由式(2.3.12),环向应力可以表示为

$$\sigma_\theta = -2\alpha^2(\lambda+\mu)\Phi(re^{i\theta}, t) \qquad (2.3.20)$$

动态应力集中系数表示如下:

$$\sigma_{\theta}^{*} = \frac{2(\lambda + \mu)}{\mu} \frac{\alpha^2}{\beta^2} \Phi \tag{2.3.21}$$

将上一节求得的全波表达式代入，可得

$$\sigma_{\theta}^{*} = \frac{1}{1-\nu} \cdot \mathrm{Re}\Big\{ \Big[\sum_{n=-\infty}^{\infty} A_n H_n^{(1)}(\alpha r) \mathrm{e}^{in\theta} + \mathrm{e}^{i\alpha r \cos\theta} \Big] \mathrm{e}^{-i\omega t} \Big\} \tag{2.3.22}$$

为了表示波数与模型尺寸的相对大小，引入稳态情况下的正则化波数，$\alpha_w = \alpha r$，其物理意义表示洞室周长与稳态波波长的比值，量纲为 1。

波数的概念比频率的绝对大小更具有一般意义，可以扩展到解决不同尺度规模的腔问题求解当中。高波数的情形对应于孔尺寸大且入射频率高的情况，而低波数表示孔小且入射频率低的情况。

则稳态 DSCF 的解析表达式可进一步表示为

$$\sigma_{\theta}^{*} = \frac{1}{1-\nu} \mathrm{Re}\Big\{ \Big[\sum_{n=-\infty}^{\infty} A_n^{*} H_n^{(1)}(\alpha_{\omega}) \mathrm{e}^{in\theta} + \mathrm{e}^{i\alpha_{\omega}\cos\theta} \Big] \mathrm{e}^{-i\omega t} \Big\} \tag{2.3.23}$$

ν 表示岩石介质的泊松比。

从 DSCF 的表达式可以看出，它是一个时变的环向分布的无量纲量，取决于入射波的性质以及介质的力学性质。

接下来研究 DSCF 随正则化波数的变化规律。

取 $t = 0$，此时入射波的波峰位于原点处，在图 2-14 所示坐标系中，选择 $\theta = 0$，$\theta = \pi/2$ 以及 $\theta = \pi$ 三个象限点作为研究位置，分别绘制泊松比等于 0.05、0.15、0.25 以及 0.35 时，各位置的 DSCF 随波数变化的曲线，如图 2-16 所示。泊松比越小，则代表岩石强度越高，完整性越好，泊松比越大代表岩石破碎程度高，岩性较软。

图 2-16 表明，环向应力 DSCF 的峰值出现在 $\theta = \pi/2$ 处，且总为压应力，两侧值较小，并可能产生拉伸应力。

不同泊松比下的变化趋势相对一致，在 $\theta = \pi/2$ 时，DSCF 首先稍微增加，然后缓慢衰减并接近 1，在波数约为 0.25 的位置达到最大值。在 $\theta = \pi$ 和 $\theta = 0$ 处，DSCF 首先随着波数的增加而轻微波动，然后逐渐接近零。较高频率的情况下，圆形边界近似于平面边界。零波数意味着周期无限大，这可以近似为静态解的情况。

当泊松比为 0.05 时，最大 DSCF 为 3.2，零波数下的 DSCF 为 2.901。当泊松比为 0.15 时，最大 DSCF 为 3.044，零波数下的 DSCF 为 2.817。当泊松比为 0.25 时，最大 DSCF 为 2.87，静态应力解为 2.60。当泊松比为 0.35 时，最大 DSCF 为 2.688，静态应力解为 2.438。结果表明，DSCF 的峰值比静态应力集中系数峰值增大了约 10%。

入射频率相同的情况下，DSCF 的最大值随泊松比的增加而衰减。这表明，

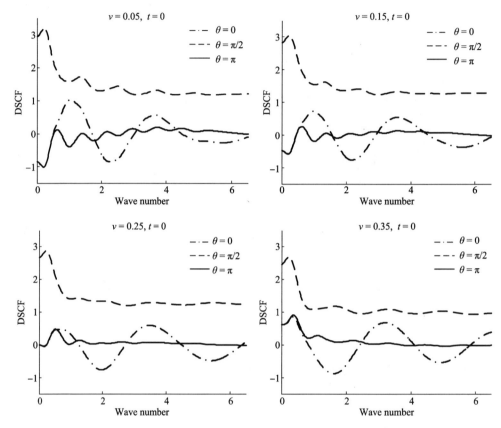

图2-16　环向应力DSCF随正则化波数变化规律

一般而言，强度较高且岩层更完整坚硬的岩石受冲击载荷激发的动态应力较大。但还应注意的是，随着泊松比的增加，不同位置的DSCF的变化规律也不同，如图2-17所示。

显然，当波峰在坐标原点时，洞室迎波面和背波面的DSCF随泊松比的增加而增加，且当泊松比在0.25以下时，DSCF表现为负值，这意味着在洞室周围的这些位置处都存在拉应力，当泊松比极低时，拉伸波应力集中系数超过1。由于岩石的抗拉强度显著低于抗压强度，当岩石材料的强度和完整性较高时，必须警惕低频入射波在洞室两侧的拉伸波损坏。

图2-18给出了DSCF在不同时刻下的环向分布图对比。

波数较低时，0时刻的DSCF分布呈现"8"字形，与静态应力集中分布相似，当t=0.25倍周期时，洞室左右两侧分别处于拉伸波和压缩波作用下，因此DSCF也呈现向右侧的偏转。

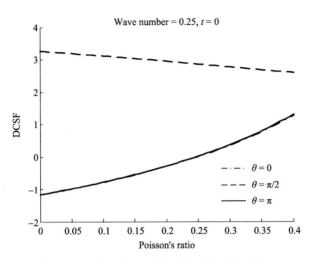

图 2-17　环向应力 DSCF 随泊松比变化规律

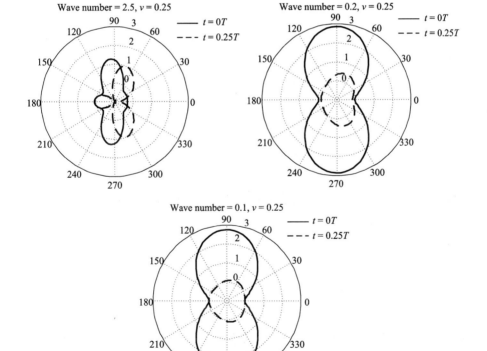

图 2-18　泊松比为 0.25 时 DSCF 分布图

2.3.4 瞬态动应力集中

跟波函数展开法一样，平面内任一质点的环向应力可以从如下流程获得：首先将瞬态波分解成各频率下的稳态分量，然后分别求解其系统响应，最后进行线性叠加得到瞬态结果。

任一质点处瞬态环向应力响应为

$$\bar{\sigma}_\theta = \frac{1}{\sqrt{2\pi}} \int_{-\infty}^{\infty} F(\omega, \zeta) \mathcal{X}(\zeta, \omega) e^{-i\omega t} d\omega \qquad (2.3.24)$$

式中，$F(\omega, \zeta)$ 表示瞬态波的傅立叶变换系数，$\mathcal{X}(\zeta, \omega)$ 表示系统导纳。

此处系统导纳为环向应力函数与入射波函数的比值，即

$$\mathcal{X}(\zeta, \omega) = -2(\lambda + \mu)\alpha^2 \left[1 + \varphi^{(r)} e^{-i\alpha \frac{\zeta + \bar{\zeta}}{2}} \right] \qquad (2.3.25)$$

由于反射波空间函数是位置和波数的函数，我们可以推断出稳态反应的导纳是岩石性质，空间位置和波数的函数。

瞬态扰动函数的傅立叶变换式如(2.3.26)所示。

$$F(\omega, \zeta) = e^{i\alpha \frac{\zeta + \bar{\zeta}}{2}} \cdot \begin{cases} e^{\frac{\alpha}{\beta}\arctan\left(\frac{\beta}{\alpha}\right)} \dfrac{\sqrt{2\pi}\beta}{2\pi\left[(\alpha + i\omega)^2 + \beta^2\right]} \left(e^{-\frac{\alpha}{\beta}\pi - i\frac{\omega}{\beta}\pi} + 1\right), & \alpha \geqslant 0 \\[4mm] e^{\frac{\alpha}{\beta}\left[\arctan\left(\frac{\beta}{\alpha}\right) + \pi\right]} \dfrac{\sqrt{2\pi}\beta}{2\pi\left[(\alpha + i\omega)^2 + \beta^2\right]} \left(e^{-\frac{\alpha}{\beta}\pi - i\frac{\omega}{\beta}\pi} + 1\right), & \alpha < 0 \end{cases}$$

$$(2.3.26)$$

求得洞室周边瞬态环向应力之后，可得瞬态环向应力集中系数为

$$\bar{\sigma}_\theta^* = \frac{\bar{\sigma}_\theta}{-2\alpha^2(\lambda + \mu)} \qquad (2.3.27)$$

将式(2.3.24)，式(2.3.25)和式(2.3.26)带入式(2.3.27)，并结合上一节中得到的稳态 DSCF 表达式(2.3.23)，可以将瞬态 DSCF 解析解表示如下

$$\bar{\sigma}_\theta^* = \frac{1}{\sqrt{2\pi}} \text{Re} \left[\int_{-\infty}^{\infty} \frac{F(\omega, \zeta)}{e^{i\alpha \frac{\zeta + \bar{\zeta}}{2}}} \sigma_\theta^*(\omega, \theta) d\omega \right] \qquad (2.3.28)$$

上式表明，瞬态波激发的 DSCF 取决于入射波形，入射波频率以及岩石力学性质[21]。

与稳态波相似的，我们也可以给出瞬态波正则化波数的定义为，洞室周长与波长的比值。

图 2-19 及图 2-20 给出当正则化波数为 0.005 时，瞬态波的波形以及响应的傅立叶谱。之所以选取 0.005 是因为假设隧道半径为 3 m，则相应波长约为 4 km，这大致符合地震波长的尺度。

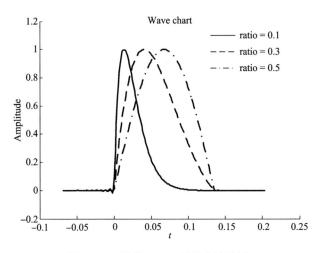

图 2-19　波数 0.005 时瞬态波波形

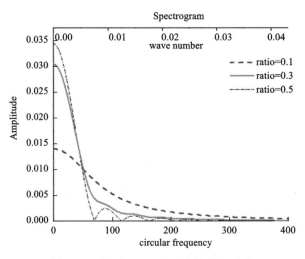

图 2-20　波数 0.005 时瞬态波傅立叶谱

　　图 2-19 和图 2-20 还表明,对于本研究中给出的冲击载荷模型,峰值位置离中心越近,频谱图的带宽越小,并且信号能量越集中于低频范围内。已知,高频波分量对应波形的快速变化部分。因此,信号的快速上升或下降表明高频部分的比例相对较大,反之亦然。

　　下图给出了波数为 0.005 时,不同 ratio 对应的瞬态 DSCF 分布图。

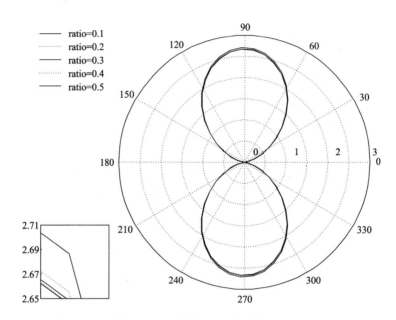

图 2-21 波数 0.005 时不同 ratio 对应的孔边 DSCF 分布

图 2-21 表明，DSCF 峰值随着入射波波峰逐渐接近波形中部而略有降低，不过降幅不明显。这是因为波数 0.005 时包含的稳态分量频率整体较低，此时随着频率增加，对应的稳态 DSCF 上升，如图 2-16 所示。而随着 ratio 增大，傅立叶谱中包含相对高频分量所占的比重下降，因此，瞬态 DSCF 也会相应降低。

当瞬态波的正则化波数较高时，如 0.5，情况又有所不同。此时波长符合炸药爆破产生的波长尺度。

图 2-22 显示了波数为 0.5 的瞬态波入射激发的 DSCF 环向分布。显然，高波数情况下，波峰位置对 DSCF 的峰值影响更大。随着 ratio 的增大，DSCF 的峰值增大，这与低波数下 DSCF 的变化规律相反。这是因为高波数瞬态波所包含的稳态分量整体频率较高，而如图 2-16 所示，在较高频率段，稳态 DSCF 会随着频率上升而下降。

接下来研究 DSCF 的时变特性。

首先看低波数情况。当波数为 0.005，ratio = 0.3 时，图 2-23 给出了 $\theta = \pi/2$ 处 DSCF 随时间变化的规律。

根据 DSCF 的定义，在单位振幅下，DSCF 曲线实际上描述了孔边环向应力的变化。图 2-23 显示，DSCF 曲线形状类似于波形的形状，这意味着它们的比率近似恒定。因此，在低波数的情况下，应力集中效应和时间之间的相关性可以忽略。

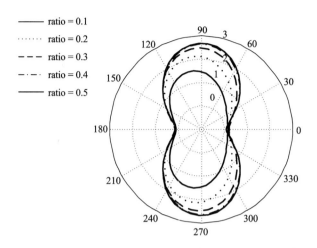

图 2-22　波数 0.5 时不同 ratio 对应的孔边 DSCF 分布

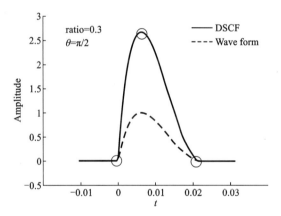

图 2-23　低波数条件下 DSCF 的时变规律

　　图 2-24 显示了在三个不同的时刻，即在 $t=0$ 时，波形峰值时间($t=0.3T_2$)和波形结束时间($t=T_2$)的三个时刻，低波数入射对应的 DSCF 分布。当 $t=0$ 时和 $t=T_2$ 时 DSCF 分布不对称，此时孔中心两侧的应力状态不同。当 $t=0$ 时，仅有孔洞的入射侧(左侧)受到应力扰动，当 $t=T_2$ 时，仅在孔洞的右侧受到应力扰动。

　　图 2-25 显示了当波数为 0.5 且 ratio 为 0.3 时，$\theta=\pi/2$ 处 DSCF 随时间变化的过程。图 2-26 为对应情况下，不同时刻的 DSCF 环向分布。图 2-27 中 DSCF 的形状与波形不相似，这说明，孔周边的环向应力状态没有与入射波同步变化，实际上，应力状态的变化明显滞后于孔边应力波形的变化。

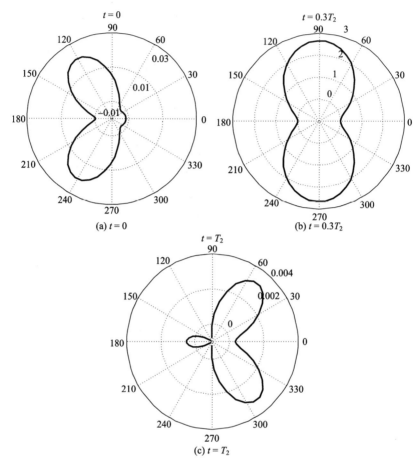

图 2-24　波数为 **0.005** 时孔边环向应力 DSCF 在不同时刻的分布图

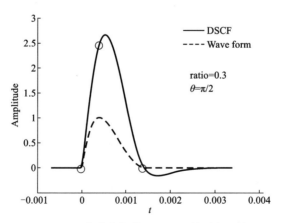

图 2-25　高波数条件下 DSCF 的时变规律

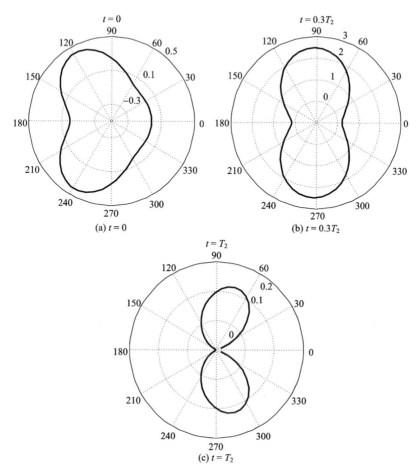

图 2-26　波数为 0.5 时孔边环向应力 DSCF 在不同时刻的分布图

　　当入射波达到峰值时，孔边粒子所受的应力尚未达到峰值，并且当应力波结束时，应力也没有立即回到零，而是继续保持下降趋势，并导致质点受到一定的拉伸应力。然后质点缓慢回到无应力状态。

　　当应力波通过孔洞时，每个点都处在时变的应力场中。孔边缘周围的压应力的峰值出现在 $\theta = \pi/2$，拉应力的峰值出现在 $\theta = \pi$ 和 $\theta = 0$ 处。同时，由于大多数岩体的抗拉强度远低于抗压强度，因此不仅要注意应力集中引起的 $\theta = \pi/2$ 处的压缩破坏，而且要注意 $\theta = 0$ 和 $\theta = \pi$ 时的潜在拉伸破坏。

　　图 2-27 分别描绘了三个象限点位置处，DSCF 在应力波作用全时程内的最值随波数变化的规律。在每个位置分别选取三种不同的波形输入进行对比。图 2-27(b) 研究的是 $\theta = \pi/2$ 处最大压应力的变化规律。图上显示，ratio 较小的

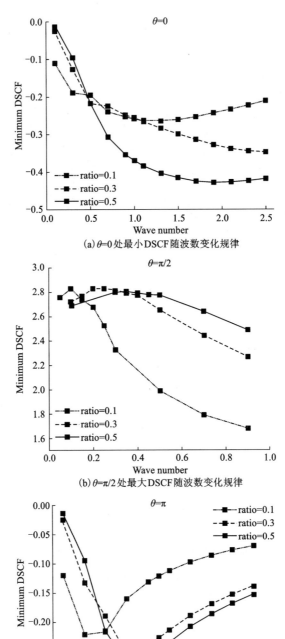

(a) θ=0处最小DSCF随波数变化规律

(b) θ=π/2处最大DSCF随波数变化规律

(c) θ=π处最小DSCF随波数变化规律

图 2-27 DSCF 峰值随波数变化的规律

波产生的压应力对于波数的变化更加敏感，而 ratio 较大的波产生的压应力随波数变化较为平稳，当波数较大时，高 ratio 瞬态波产生的 DSCF 会明显大于低 ratio 波，这说明，当入射波波长较小且波形上升迅速下降缓慢时，产生的压应力明显小于其他情况。

图 2-27(a)和图 2-27(c)分别表示 $\theta=\pi$ 和 $\theta=0$ 处最大拉应力随入射波数的变化规律。两处 DSCF 变化规律相近，都是先随着波数增加而下降，再上升。ratio 越大，谷值越低，表明产生的拉应力越大。当 ratio 为 0.5 时，在 $\theta=0$ 时的最大拉伸应力集中系数约为 0.45，而在 $\theta=\pi$ 时的最大拉伸应力集中系数约为 0.28。当波数较大时，ratio 越大，拉应力集中系数越大。

综上所述，在波数较高的情况下，瞬态波的峰值越靠近波形中部，$\theta=\pi/2$ 处压应力和 $\theta=\pi$ 以及 $\theta=0$ 处拉应力就越大，在这些关键位置产生破坏的可能性就越大。

进一步分析，当波数较低时，孔周边峰值压应力停留在高位，而峰值拉应力则相对较小，此时孔洞周边倾向于发生压缩破坏；当波数较高时，孔周边峰值压应力较低，而峰值拉应力较大，特别是背爆侧 $\theta=0$ 处，此时此处容易发生拉伸破坏。

2.4　本章小结

采用波函数展开法和复变函数法分别求解研究了无限大弹性空间中瞬态波在圆孔周边发生散射和绕射导致的动态应力集中问题。在求得稳态波波场的基础上，通过傅立叶频域分析，得到瞬态波作用下的 DSCF 解析解。低波数瞬态波对应于入射波频率低且空腔尺寸小的情况，而高波数对应于相反的情况。算例分析中，讨论了岩石性质，波数和波形峰值位置对 DSCF 分布的影响，得到主要结论如下：

(1)当岩体的泊松比很低时，在空腔边缘附近的 $\theta=0$ 和 $\theta=\pi$ 处会出现较大的拉应力。由于岩体的抗拉强度远低于抗压强度，此种情况下围岩受到拉伸破坏的风险很大。

(2)当入射波波数为 0.25 时，稳态波入射激发的 DSCF 峰值最大。在这种情况下，DSCF 比静态应力集中系数大约 10%，这与传统[22]的结论一致。

(3)当入射波波数较大时，瞬态波的应力响应相对于荷载输入有一定的滞后效应，并导致应力在 0 附近的小幅震荡，在孔边形成拉应力。

(4)入射波波数较低时，应力波的波峰位置对 DSCF 的影响很小；而在波数高的情况下，当波峰接近边缘时，DSCF 的峰值显著降低。

（5）在低波数的情况下，圆孔周边压应力较高，拉应力较小，在 $\theta=\pi/2$ 处发生压缩破坏的可能性较高，而在高波数情况下，圆孔周边拉应力较大而压应力较小，在 $\theta=0$ 处发生拉伸破坏的可能性较高。

参考文献

[1] Mishchenko M I, Travis L D, Lacis A A. Scattering, absorption, and emission of light by small particles[M]. Cambridgeshire：Cambridge university press, 2002.

[2] Athanassoulis G A, Prospathopoulos A M. Three-dimensional acoustic scattering of a source-generated field from a cylindrical island[J]. The Journal of the Acoustical Society of America, 1996, 100(1)：206-218.

[3] 王竹溪, 郭守仁. 特殊函数概论[M]. 北京：科学出版社, 1979.

[4] Javam A, Teoh S G, Imberger J, et al. Two Intersecting Internal Wave Rays：A Comparison Between Numerical and Laboratory Results[J]. Coastal and Estuarine Studies, 1998：241-250.

[5] Abramowitz M, Stegun I A, Romain J E. Handbook of Mathematical Functions[J]. Physics Today, 1966, 19(1)：120-121.

[6] Gao Yufeng, Dai Denghui, Zhang Ning, et al. Scattering of plane and cylindrical SH waves by a horseshoe shaped cavity[J]. Journal of Earthquake and Tsunami, 2017, 11(02)：1650011.

[7] Jeon S, Kim J, Seo Y, et al. Effect of a fault and weak plane on the stability of a tunnel in rock—a scaled model test and numerical analysis[J]. International Journal of Rock Mechanics and Mining Sciences, 2004, 41：658-663.

[8] Li Xibing, Cao Wenzhuo, Zhou Zilong, et al. Influence of stress path on excavation unloading response[J]. Tunnelling and Underground Space Technology, 2014, 42：237-246.

[9] Xing Yan, Kulatilake P, Sandbak L A. Effect of rock mass and discontinuity mechanical properties and delayed rock supporting on tunnel stability in an underground mine [J]. Engineering Geology, 2018, 238：62-75.

[10] 王长柏, 李海波, 周青春, 等. P 波作用下深埋隧道动应力集中问题参数敏感性分析[J]. 岩土力学, 2011, 32(003)：775-780.

[11] Pao Y H, Mow C C, Achenbach J D. Diffraction of elastic waves and dynamic stress concentrations[J]. Journal of Applied Mechanics, 1973：872-872.

[12] Li Xibing, Cao Wenzhuo, Tao Ming, et al. Influence of unloading disturbance on adjacent tunnels[J]. International Journal of Rock Mechanics and Mining Sciences, 2016, 84：10-24.

[13] Tao Ming, Ma Ao, Cao Wenzhuo, et al. Dynamic response of pre-stressed rock with a circular cavity subject to transient loading[J]. International Journal of Rock Mechanics and Mining Sciences, 2017, 99：1-8.

[14] Aki K, Christoffersson A, Husebye E S. Determination of the three-dimensional seismic structure of the lithosphere[J]. Journal of Geophysical Research, 1977, 82(2)：277-296.

[15] Berenger J P. A perfectly matched layer for the absorption of electromagnetic waves[J]. Journal

of computational physics, 1994, 114(2): 185-200.

[16] Clayton R, Engquist B. Absorbing boundary conditions for acoustic and elastic wave equations [J]. Bulletin of the seismological society of America, 1977, 67(6): 1529-1540.

[17] 李振春, 张军华. 地震数据处理方法[M]. 北京: 中国石油大学出版社, 2006.

[18] 刘殿魁, 盖秉政, 陶贵源. 论孔附近的动应力集中[J]. 地震工程与工程振动, 1980(00): 99-112.

[19] Liu Qijian, Zhao Mingjuan, Wang Lianhua. Scattering of plane P, SV or Rayleigh waves by a shallow lined tunnel in an elastic half space[J]. Soil dynamics and earthquake engineering, 2013, 49: 52-63.

[20] Wang Jianhua, Lu Jianfei, Zhou Xianglian. Complex variable function method for the scattering of plane waves by an arbitrary hole in a porous medium[J]. European Journal of Mechanics-A/Solids, 2009, 28(3): 582-590.

[21] Tao Ming, Li Zhanwen, Cao Wenzhuo, et al. Stress redistribution of dynamic loading incident with arbitrary waveform through a circular cavity[J]. International Journal for Numerical and Analytical Methods in Geomechanics, 2019, 43(6): 1279-1299.

[22] 鲍亦兴, 毛昭宙, 刘殿魁, 等. 弹性波的衍射与动应力集中[M]. 北京: 科学出版社, 1993.

第 3 章 椭圆孔对平面 SH 波的散射与动态应力集中

椭圆孔广泛存在工程实际中，由于椭圆孔的特殊性，轴比的变化可以得到不同的近似边界，轴比趋于 0 或∞ 时可以看作裂纹，而当轴比为 1 时椭圆退化为圆。在工程实践中，许多地下空间形状都是椭圆形或近椭圆形的，因此研究椭圆孔周围的动态应力集中具有重要的工程实际意义。

基于椭圆边界的椭圆坐标系的便利性，使用马蒂厄函数[1, 2]作为基函数进行波函数展开，以解决带有椭圆边界的弹性波散射问题。本章在前人所做工作的基础上[3-5]，利用马蒂厄函数构造波函数，将入射 SH 波展开为马蒂厄函数，计算了不同轴比椭圆形腔周围 SH 波的散射和动应力集中。

3.1 椭圆孔洞散射计算模型

如图 3-1 所示，假设各向同性无限均匀弹性平面上存在一个长轴 l，短轴 h 的椭圆，入射平面 SH 波波前法线指向椭圆的中心。瞬态入射 SH 波传播方向沿与 x 轴方向成夹角 θ_0，椭圆孔的周边介质为无限均匀弹性介质。材料参数为 μ、ν、E 和 ρ，分别表示介质的剪切模量、泊松比、弹性模量和密度。

如图所示，在椭圆中心建立椭圆坐标系，则椭圆长轴、短轴和轴比可以分别用式(1.5.14)计算得到。

3.2 椭圆坐标系下的波场表达

为简化计算，我们置入射平面 SH 波为 φ^i 的最大振幅为 u_0，则有：

$$\varphi^i = u_0 e^{i[k(x\cos\theta_0 + y\sin\theta_0) - \omega t]} \tag{3.2.1}$$

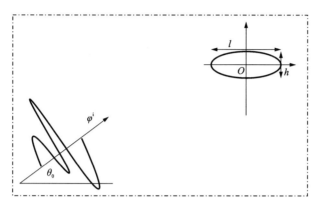

图 3-1　瞬态 SH 波入射椭圆孔模型

略去时间因子 $e^{-i\omega t}$ 并利用式(1.5.13)的关系[6]，入射波可以简化为：

$$\varphi^{i} = u_0 e^{i(kw - \omega t)} \qquad (3.2.2)$$

又径向和角向马蒂厄函数具有如下的重要积分关系[7, 8]：

$$\begin{cases} \displaystyle\int_0^{2\pi} e^{ikaw} ce_m(\theta,\ q)\,\mathrm{d}\theta = 2\pi i^m ce_m(\eta,\ q) Mc_m^{(1)}(\xi,\ q) \\[2mm] \displaystyle\int_0^{2\pi} e^{ikaw} se_m(\theta,\ q)\,\mathrm{d}\theta = 2\pi i^m ce_m(\eta,\ q) Ms_m^{(1)}(\xi,\ q) \end{cases} \qquad (3.2.3)$$

因为 e^{ikaw} 是变量 θ 的周期函数，将 e^{ikaw} 展开为以马蒂厄函数为基的级数形式有：

$$e^{ikaw} = \sum_{m=0}^{\infty} c_m ce_m(\theta,\ q) + \sum_{m=1}^{\infty} d_m se_m(\theta,\ q) \qquad (3.2.4)$$

式中：

$$\begin{cases} c_m = \dfrac{1}{\pi} \displaystyle\int_0^{2\pi} e^{ikaw} ce_m(\theta,\ q)\,\mathrm{d}\theta \\[3mm] d_m = \dfrac{1}{\pi} \displaystyle\int_0^{2\pi} e^{ikaw} se_m(\theta,\ q)\,\mathrm{d}\theta \end{cases} \qquad (3.2.5)$$

θ_0 为入射波法线与水平轴的夹角(如图 3-1)，u_0 为 SH 波的非零平面位移。本书中入射波幅值取为 $u_0 = 1$，将式(3.2.5)代入式(3.2.4)得到入射波波函数以马蒂厄函数为基函数的级数形式[9]：

$$\varphi^{i} = 2 \sum_{m=0}^{\infty} i^m \big[ce_{2m}(\theta,\ q) Mc_{2m}^1(\xi,\ q) ce_{2m}(\eta,\ q)$$
$$+ se_{2m+1}(\theta,\ q) Ms_{2m+1}^1(\xi,\ q) se_{2m+1}(\eta,\ q) \big] \qquad (3.2.6)$$

在椭圆孔周边产生的散射波函数满足二维波动方程(1.5.16)，因此可由马蒂厄函数构造，散射波满足 Sommerfeld 辐射条件，根据马蒂厄函数的渐近特性，可将入射波 φ^s 表示为[10]：

$$\varphi^s = \sum_{m=0}^{\infty} C_{2m} Mc_{2m}^3(\xi, q) ce_{2m}(\eta, q)$$
$$+ \sum_{m=0}^{\infty} D_{2m+1} Ms_{2m+1}^3(\xi, q) se_{2m+1}(\eta, q) \tag{3.2.7}$$

这里 C_m，D_m 分别为满足边界条件的待定系数，为了简化表达，式(3.2.6)、式(3.2.7)中的 q 在之后的表达式中将从马蒂厄函数宗量中省略，即角向和径向马蒂厄函数的解分别用 $se_m(\eta)$，$ce_m(\eta) Mc^j(\xi)$，$Ms^j(\xi)$ 表示。

由波的叠加原理，全波波函数可以表示为：

$$\varphi = \varphi^i + \varphi^s \tag{3.2.8}$$

3.2.1　椭圆坐标系下的应力表达式与边界条件

在椭圆坐标系下全波产生的应力分量由下式给出：

$$\begin{cases} \sigma_\xi = \dfrac{\mu}{aJ} \dfrac{\partial \varphi}{\partial \xi} \\ \sigma_\eta = \dfrac{\mu}{aJ} \dfrac{\partial \varphi}{\partial \eta} \end{cases} \tag{3.2.9}$$

不计介质的体力与椭圆孔周边的面力，二维弹性介质中全场波函数在椭圆形洞室周边满足如下的应力边界条件[10]：

$$\left[\frac{\mu}{aJ} \frac{\partial \varphi}{\partial \xi} \right]_{\xi = \xi_0} = 0 \tag{3.2.10}$$

其中 ξ_0 为给定椭圆孔的边界径向坐标，将式(3.2.6)、式(3.2.7)、式(3.2.8)、式(3.2.9)代入式(3.2.10)，根据马蒂厄函数的导数形式，整理后得到：

$$\left[\frac{\partial \varphi}{\partial \xi} \right]_{\xi = \xi_0} = 2 \sum_{m=0}^{\infty} i^m \left[ce_{2m}(\theta) Mc'_{2m}^1(\xi_0) ce_{2m}(\eta) + se_{2m+1}(\theta) Ms'_{2m+1}^1(\xi_0) se_{2m+1}(\eta) \right]$$
$$+ \sum_{m=0}^{\infty} C_{2m} Mc'_{2m}^3(\xi_0) ce_{2m}(\eta) + \sum_{m=0}^{\infty} D_{2m+1} Ms'_{2m+1}^3(\xi_0) se_{2m+1}(\eta)$$

$$\tag{3.2.11}$$

式中，$Mc'^j_m(\cdot)$ 和 $Ms'^j_m(\cdot)$ 表示径向马蒂厄函数对 ξ 的一阶导数，径向马蒂厄函数的一阶导数具体表达式如下：

$$
\left\{
\begin{aligned}
Mc''^{\,j}_{2m}(\xi) &= \frac{2\sqrt{q}\,\sinh\xi}{ce_{2m}(0)}\sum_{k=0}^{\infty}(-1)^{k+m}A^{2m}_{2k}Z'^{(j)}_{2m}(2\sqrt{q}\cosh\xi) \\
Ms''^{\,j}_{2m+1}(\xi) &= \frac{2\sqrt{q}\,\sinh\xi\tanh\xi}{se'_{2m+1}(0)}\sum_{k=0}^{\infty}(-1)^{k+m}(2k+1)B^{2m+1}_{2k+1}Z'^{(j)}_{2m+1}(2\sqrt{q}\cosh\xi) \\
&\quad + \frac{1}{se'_{2m+1}(0)\cosh^{2}\xi}\sum_{k=0}^{\infty}(-1)^{k+m}(2k+1)B^{2m+1}_{2k+1}Z^{(j)}_{2m+1}(2\sqrt{q}\cosh\xi)
\end{aligned}
\right.
$$

$$(3.2.12)$$

其中 $se'_{2m+1}(\,\cdot\,)$ 表示角向马蒂厄函数的导数，关于马蒂厄函数导数的更多内容，文献[11, 12]有详细的介绍。将式(3.2.11)整理并令 $se_{2m+1}(\eta)$ 和 $ce_{2m+1}(\eta)$ 的系数分别为零。于是展开系数 C_{2m} 和 D_{2m} 的表达式为：

$$
\left\{
\begin{aligned}
C_{2m} &= \frac{-2\mathrm{i}^{m}ce_{2m}(\theta)Mc'^{1}_{2m}(\xi_0)}{Mc'^{3}_{2m}(\xi_0)} \\
D_{2m+1} &= \frac{-2\mathrm{i}^{m}se_{2m+1}(\theta)Ms'^{1}_{2m+1}(\xi_0)}{Ms'^{3}_{2m+1}(\xi_0)}
\end{aligned}
\right.
$$

$$(3.2.13)$$

将式(3.2.11)代入式(3.2.7)、式(3.2.8)后得到全波波函数表达式如下：

$$
\begin{aligned}
\varphi &= 2\sum_{m=0}^{\infty}\mathrm{i}^{m}\big[ce_{2m}(\theta)Mc^{1}_{2m}(\xi)ce_{2m}(\eta) + se_{2m+1}(\theta)Ms^{1}_{2m+1}(\xi)se_{2m+1}(\eta)\big] \\
&\quad - 2\sum_{m=0}^{\infty}\frac{\mathrm{i}^{m}ce_{2m}(\theta)Mc'^{1}_{2m}(\xi_0)}{Mc'^{3}_{2m}(\xi_0)}Mc^{3}_{2m}(\xi)ce_{2m}(\eta) \\
&\quad - 2\sum_{m=0}^{\infty}-\frac{\mathrm{i}^{m}se_{2m+1}(\theta)Ms'^{1}_{2m+1}(\xi_0)}{Ms'^{3}_{2m+1}(\xi_0)}Ms^{3}_{2m+1}(\xi)se_{2m+1}(\eta)
\end{aligned}
$$

$$(3.2.14)$$

在求解时，应取 $\xi \geqslant \xi_0$。因为 ξ 表示在椭圆的径向坐标，在 $\xi \leqslant \xi_0$ 的区域内没有介质和应力波的存在，当 $\xi = \xi_0$ 时求得椭圆孔边界上的全场波。

3.2.2　椭圆孔周边的瞬态动态应力集中

在椭圆孔周边只有角向应力的存在，径向应力为零，径向应力和角向应力表达式如式(3.2.9)，在椭圆孔周边的动应力集中系数 α_{DSCF} 被定义为全波产生的角向应力与入射波产生角向应力幅值的比值，也即：

$$
\left\{
\begin{aligned}
\alpha_{\mathrm{DSCF}} &= \left|\frac{\sigma_{\eta}}{\sigma_0^{\mathrm{i}}}\right| \\
\sigma_0^{\mathrm{i}} &= \mu k u_0
\end{aligned}
\right.
$$

$$(3.2.15)$$

本章中 u_0 取 1，将式(3.2.14)、式(3.2.9)代入式(3.2.15)得到：

$$\alpha_{\mathrm{DSCF}} = \left| \frac{2}{aJk} \left\{ \begin{array}{l} \sum_{m=0}^{\infty} \mathrm{i}^m \left[ce_{2m}(\theta) Mc_{2m}^1(\xi) ce'_{2m}(\eta) + se_{2m+1}(\theta) Ms_{2m+1}^1(\xi) se'_{2m+1}(\eta) \right] \\ - \sum_{m=0}^{\infty} \frac{\mathrm{i}^m ce_{2m}(\theta) Mc'^1_{2m}(\xi_0)}{Mc'^3_{2m}(\xi_0)} Mc_{2m}^3(\xi) ce'_{2m}(\eta) \\ - \sum_{m=0}^{\infty} \frac{\mathrm{i}^m se_{2m+1}(\theta) Ms'^1_{2m+1}(\xi_0)}{Ms'^3_{2m+1}(\xi_0)} Ms_{2m+1}^3(\xi) se'_{2m+1}(\eta) \end{array} \right\} \right|$$

$$(3.2.16)$$

式(3.2.16)即为椭圆孔周边动态应力集中因子计算完整表达式。计算上式得到椭圆孔边的稳态响应如图 3-2 和图 3-3 所示：

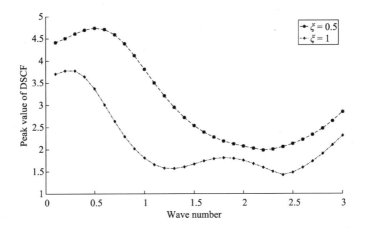

图 3-2　在 $\xi=0.5$ 和 1 时，DSCF 峰值和波数变化

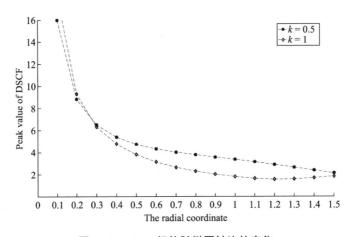

图 3-3　DSCF 极值随椭圆轴比的变化

如图 3-2、图 3-3 所示，当椭圆径向坐标为 0.5 和 1 时，DSCF 峰值随入射波数变化。结果表明：当入射波数较小时，DSCF 对频率较敏感，随着入射波数的增加，频率敏感性减小 DSCF，值逐渐趋于 2。

3.2.3　瞬态响应

上一节给出了椭圆洞室在稳态入射波作用下的动态响应。由于介质为线弹性且满足因果和定常条件，所以导纳被定义为输出与输入函数之比。

因此，系统导纳可以表示为：

$$X(x, \omega) = U(x, \omega)/f(x, \omega) \tag{3.2.17}$$

式中，$X(x, \omega)$ 是输入函数，$U(x, \omega)$ 是系统的稳态响应，然后系统的导纳函数可以表示为系统在简谐波作用下的响应，而瞬态波可分解为不同频率的简谐波的叠加。在获得系统导纳后，对于任何输入函数 $f(t)$，系统的响应表示为：

$$u = \frac{1}{\sqrt{2\pi}} \int_{-\infty}^{\infty} F(\omega) X(\omega) e^{-i\omega t} d\omega \tag{3.2.18}$$

式中，$F(\omega)$ 是 $f(t)$ 的傅立叶谱，可以通过如下的傅立叶变换得到：

$$F(\omega) = \frac{1}{\sqrt{2\pi}} \int_{-\infty}^{\infty} f(t) e^{-i\omega t} dt \tag{3.2.19}$$

为了评估爆破荷载作用下的孔洞周边响应，这里同样使用的是 2.3 节中的工程扰动模型，上一节中，我们计算得到入射 SH 波的稳态响应，接下来利用傅立叶变换计算瞬态扰动函数 $f(\xi, \mu, t)$ 的傅立叶变换 $F(\xi, \mu, \omega)$，然后，u_t 可以通过式(3.2.18)和式(3.2.20)计算。

$$F(\xi, \mu, \omega) = \frac{1}{\sqrt{2\pi}} \int_{-\infty}^{\infty} f(\xi, \eta, t) e^{-i\omega t} dt \tag{3.2.20}$$

$$u_t = \frac{1}{\sqrt{2\pi}} \int_{-\infty}^{\infty} F(\xi, \mu, \omega) X(\xi, \mu, \omega) e^{i\omega t} d\omega \tag{3.2.21}$$

上式中的积分，频率变量通过积分被消去，得到一个关于时间变量的瞬态冲击响应 u_t，系统的导纳定义为椭圆孔周边的 DSCF，于是导纳可以利用式(3.2.16)求得。通过代入不同的时刻 t 就可以得到不同时刻椭圆孔边在瞬态冲击作用下的 DSCF，在本书中我们更关心的是系统在冲击荷载达到峰值时刻的孔边 DSCF 分布。现在得到了求解瞬态波入射椭圆洞室时的动力响应的所有表达式，接下来将对不同的入射情况和椭圆形态进行计算和分析。

3.3 算例计算与分析

本节将计算理想弹性全平面介质在瞬态波入射下椭圆孔周围的动应力集中，材料参数分别设为：弹模 $E = 50$ GPa，泊松比 $\nu = 0.21$，密度 $\rho = 2700$ kg/m^3，横波速度 $Cs = 2130$ m/s。对于任意椭圆，在椭圆坐标系下，通过式（1.5.14）可以计算出相应的焦距和径向坐标，然后由下式计算半焦距和椭圆坐标系下的径向坐标：

$$\begin{cases} a = \sqrt{l^2 - h^2} \\ \xi = \mathrm{arcosh}\left(\dfrac{h}{a}\right) \end{cases} \quad (3.2.22)$$

为简化问题，接下来的计算中取椭圆的半焦距 $a = 1$ m，计算不同轴比的椭圆参数如下表所示：

表 3-1　计算工况表（$a = 1$ m）

ξ/m	L/m	h/m	ε
0.1	1.0050	0.1002	10.033
0.2	1.0201	0.2013	5.0665
0.5	1.1276	0.5211	2.1640
1.5	2.1293	2.3524	1.1048

从表 3-1 中可以看出，ξ 越小椭圆越趋近于一条裂纹，随着 ξ 值的增加，椭圆趋于圆，当径向坐标 $\xi = 1.5$ 时，轴比趋于 1。

在本章中，入射波数 k 分别取为 0.2、0.5 和 1，我们认为这些波数覆盖了地震或工程爆破产生的应力波影响的最可能波数范围。不同轴比椭圆洞室在不同瞬态 SH 波入射角度下的动应力集中结果如下：

图 3-4 至图 3-7 中（a）（b）（c）（d）分别为入射角 $\theta = 0°$，30°，45° 和 90° 的情况。如图 3-4 所示，当入射角为 0 时，DSCF 值随着椭圆轴比的减小而增大，在短轴两端总是出现较大的应力集中值。在图 3-5 和图 3-6 中，当入射角为 30° 和 45° 时，在垂直入射角方向上存在应力集中分布，主要集中在长轴的末端。当 $\xi = 0.2$ 和 0.5 时，随着轴向比的减小，应力集中的峰值逐渐减小，如图 3-6 和图 3-7 所示，入射角为 30° 时，应力集中分布均以椭圆中心为中心对称，随着轴比的增大，应力集中的最大值向椭圆形长轴末端移动；90° 入射时的应力集中主要发生在椭圆长轴的两端，与 x 轴、y 轴呈对称分布。如图 3-9 所示，随着入射角的增大，

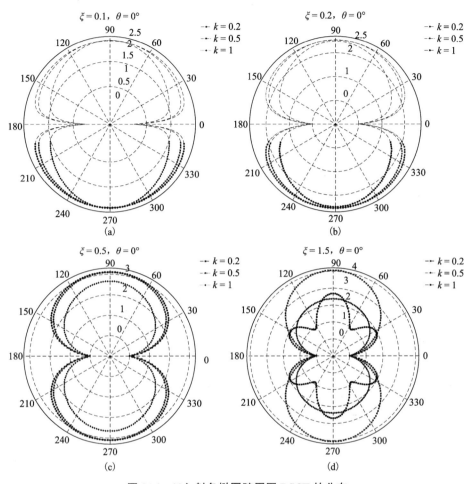

图 3-4　0°入射角椭圆腔周围 DSCF 的分布

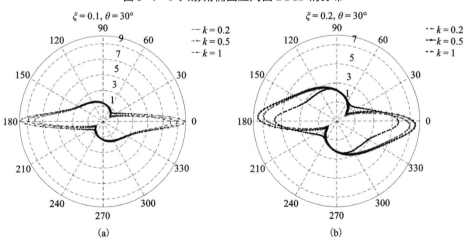

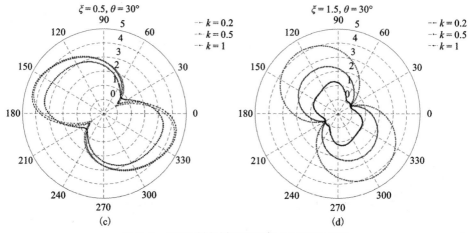

图 3-5 30°入射角椭圆腔周围 DSCF 的分布

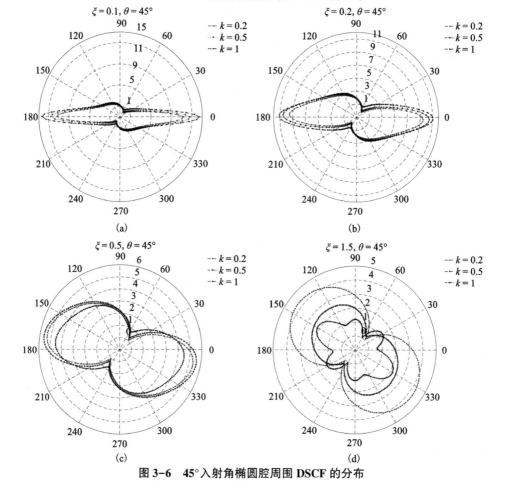

图 3-6 45°入射角椭圆腔周围 DSCF 的分布

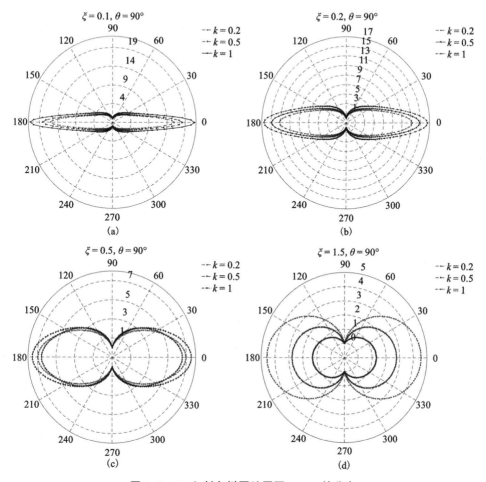

图 3-7　90°入射角椭圆腔周围 DSCF 的分布

DSCF 峰值增大，当径向坐标 $\xi = 1.5$ 时，椭圆轴比接近于 1，椭圆退化为近似圆。此时，椭圆周围产生的应力集中沿入射方向沿对称轴分布，最大值接近 3 和利用贝塞尔函数作为基函数展开时求得的圆孔周边的 DSCF 值一致。当入射角为 0°时，DSCF 峰值随轴比的减小而增大。当入射角为 30°、45°和 90°时，DSCF 峰值随轴比的增大而增大。当入射波数和入射角不变时，如图 3-8 所示，DSCF 峰值随着椭圆轴比的增大而增大。在图 3-9 中，波数和轴向比不变，除 0°入射角外，DSCF 峰值随入射角的增大而增大。从图中可以清楚地看出，当入射角为 0°时，在椭圆短轴处出现了较大的应力集中分布，当入射角为 90°时，长轴两端出现较大的应力集中。

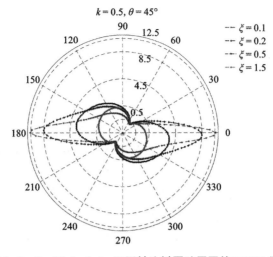

图 3-8 $\theta=45°$ $k=0.5$，不同轴比椭圆腔周围的 DSCF 分布

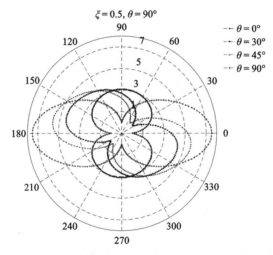

图 3-9 $\xi=0.5$ $k=0.5$，在不同入射角度下，在椭圆孔周围的 DSCF 分布

3.4 椭圆孔瞬态冲击响应数值模拟

3.4.1 数值模型建立与加载

本节中，建立了 10 m×10 m 单层模型，如图 3-10(a)所示，采用弹性材料对理论结果进行验证，模型所使用材料参数与理论计算时一致，即材料弹性模量

$E = 50$ GPa，泊松比 $\nu = 0.21$，密度 $\rho = 2700$ kg/m³。图 3-10(b) 中有加载模型，模型左侧为瞬态冲击荷载，在入射侧的另一端设置了多个无反射边界，消除反射波与入射应波的相互叠加干扰结果。直接改变入射方向在数值模拟中实现困难，于是通过改变建模时椭圆孔的角度来等效替代入射角度的变化。

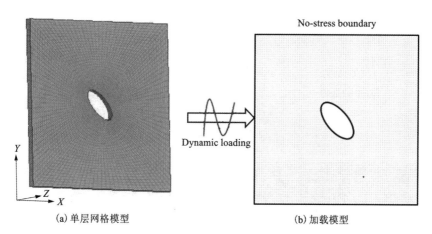

(a) 单层网格模型   (b) 加载模型

图 3-10 数值模型和加载模型

加载通过直接施加如图 3-11 的荷载曲线按图 3-10(b) 所示的加载方式进行加载。LS-DYNA 中的加载通过关键字文件控制加载，将动态荷载的幅值设置为 10 MPa，加载总时间为 3 ms。

3.4.2 数值模拟结果与分析

加载完成后，提取得到模型的动态加载曲线如图 3-11 所示与理论加载曲线一致，不同角度的椭圆在动态冲击作用下，椭圆洞室周围 Von Mises 有效应力云图如图 3-12 所示。数值模拟和理论计算得到的椭圆孔边的 DSCF 分布如图 3-13 所示，可以看到洞室周围的应力分布以及椭圆洞室周围 DSCF 分布的数值和理论结果吻合，尤其在空间分布上。数值结果表明，椭圆腔周围的 DSCF 随椭圆角的变化而变化，峰值随椭圆倾角(入射角度)的增大而增大。

如图 3-13 所示，理论与数值模拟结果吻合较好，当入射方向与长轴为 0°时，在椭圆短轴两端会发生应力集中。当椭圆角度为 30°、45°、90°时，DSCF 发生在长轴处，同时，DSCF 随角度的增大而增大，与理论计算结果一致。但在 DSCF 幅值上有一定的偏差，原因可能是计算采用的为一维模型，而数值模拟所使用的为有一定厚度的三维模型且理论计算时忽略了模型的自重。

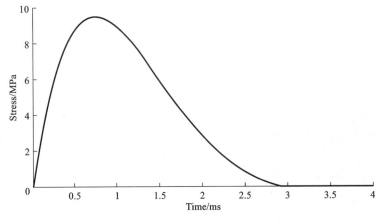

图 3-11　动态荷载曲线

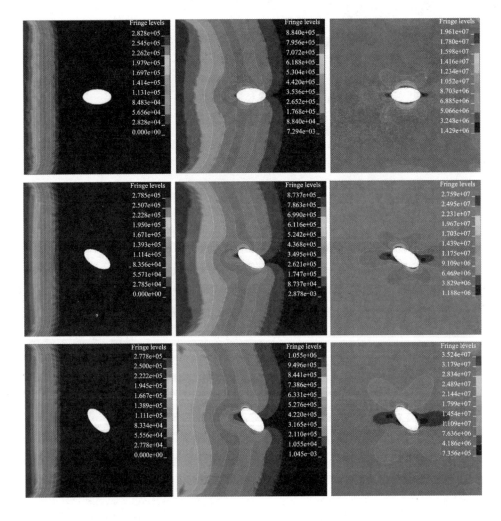

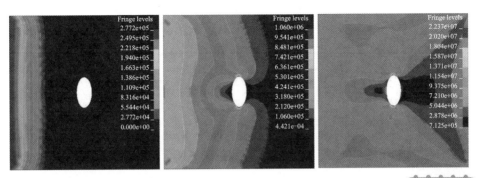

图 3-12　有效应力(V-M 应力)云图(从左到右 t=0.5 ms、1.5 ms、2.5 ms)

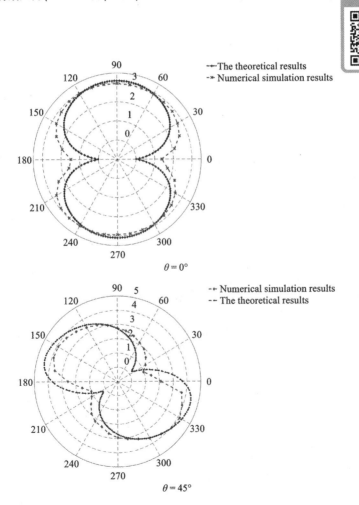

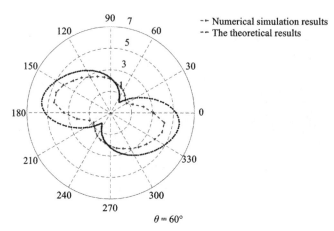

图 3-13　椭圆腔周围 DSCF 分布的数值和理论结果

　　理论结果表明，应力波入射时，椭圆腔周围会发生动应力集中，动应力的大小与椭圆轴比、入射角和波数有关，如图 3-7、图 3-8 所示。但无论入射角度如何，在入射方向的垂直方向上总是会产生较大的压应力集中区，而迎爆侧产生较大的拉应力集中。此外，入射角对动应力集中也有很大的影响，如图 3-9 所示，椭圆与入射波方向的夹角越大，DSCF 越大[13]。

　　与基于傅立叶-贝塞尔展开和保角变换的波函数展开方法相比，在椭圆坐标系中采用马蒂厄函数作为基函数，可以方便地解决椭圆边界附近的波散射问题。在某些方面，马蒂厄函数的计算在程序的执行中存在困难。随着 q 值的变化需要调整级数的截断阶数，以确保结果的准确性，本章的准确性通过比较 N 和 $N+1$ 项来保证马蒂厄函数级数的准确性，通过比较 N 和 $N+1$ 项之间的误差小于 0.1%。本书使用的基于椭圆坐标系下马蒂厄函数的波函数展开法是求解瞬态 SH 波入射下椭圆洞室动应力集中问题的有效方法，但只给出了少数计算案例的结果。

3.5　本章小结

　　本章用波函数展开法求解了任意角度平面内椭圆腔附近 SH 波的散射和动应力集中问题。通过椭圆坐标系下二维亥姆霍兹方程分离变量得到马蒂厄方程，因为马蒂厄函数解决椭圆边界问题相较于其他函数更为便利，所以将入射平面波和全波函数展开成一系列马蒂厄函数，综合椭圆腔的应力边界条件，得到了稳态反应下的椭圆孔入射 SH 波。根据线弹性定常系统的性质，利用瞬态入射波的傅立叶积分变换，得到瞬态入射 SH 波在椭圆腔周围的动应力集中。

参考文献

［1］ Mclachlan N W. Theory and Application of Mathieu Functions［J］. The Mathematical Gazette, 1968, 52(379).

［2］ Abramowitz M, Stegun I A, Romer R H. Handbook of Mathematical Functions with Formulas, Graphs, and Mathematical Tables［J］. American Journal of Physics, 1988, 56(10).

［3］ 刘有军, 何钟怡, 樊洪明. 弹性波绕任意形状界面孔的散射［J］. 固体力学学报, 2005, 26 (001): 92-96.

［4］ Lee V W, Trifunac M D. Response of tunnels to incident SH-waves［J］. Journal of the Engineering Mechanics Division, 1979, 105(4): 643-659.

［5］ Liang Jianwen, Fu Jia. Surface motion of a semi-elliptical hill for incident plane SH waves［J］. Earthquake Science, 2011, 24(5): 447-462.

［6］ 何钟怡, 樊洪明, 刘有军. SH 波绕界面孔的散射［J］. 力学学报, 2002, 34(1): 68-76.

［7］ Wong H L, Trifunac M D. Surface motion of a semi-elliptical alluvial valley for incident plane SH waves［J］. Bulletin of the Seismological Society of America, 1974, 64(5): 1389-1408.

［8］ 陈志刚. 平面 SH 波在浅埋椭圆柱形孔洞上的散射与动应力集中［J］. 暨南大学学报(自然科学与医学版), 2005(03): 324-330.

［9］ 鲍亦兴, 毛昭宙, 刘殿魁, 等. 弹性波的衍射与动应力集中［M］. 北京: 科学出版社, 1993.

［10］ Wong H L, Trifunac M D. Scattering of plane SH waves by a semi-elliptical canyon［J］. Earthquake Engineering & Structural Dynamics, 1974, 3(2): 157-169.

［11］ 张善杰, 金建铭. 特殊函数计算手册［M］. 南京: 南京大学出版社, 2011.

［12］ 熊天信. 填充多层介质的柱形波导传播特性研究［D］. 成都: 西南交通大学, 2006.

［13］ Tao Ming, Zhao Rui, Du Kun, et al. Dynamic stress concentration and failure characteristics around elliptical cavity subjected to impact loading［J］. International Journal of Solids and Structures, 2020, 191: 401-417.

第 4 章 半平面中圆孔对平面 P 波的散射与动应力集中

跟无界问题不同,半无界问题涉及边界的折反射,一定程度上使得问题的研究更为复杂。事实上,实际中存在很多这种问题,如动力扰动入射浅埋洞室等。长期以来,人们一直认为浅部结构在一些大型地震或爆破荷载的冲击下,其稳定性要高于地面构筑物,但是日本阪神地震和台湾集集地震中一系列地下隧道和地铁车站的破坏提醒人们浅部结构的抗震研究仍是亟待解决的课题。

结构在动力作用下发生破坏的主要原因为,当应力波传播到地下结构时,结构的受力不均衡和几何不连续性会导致时变应力场发生重分布,局部位置出现明显的应力跃升,即动态应力集中现象。了解此现象的发生机理,对地下结构的防护和稳定性评估至关重要。

浅部结构不连续会影响地震波的传播,比如自然形成的河谷,地下隧道,地下储库等。这些问题可以适当简化为弹性半平面内的波动问题。最早将理论应用于实际问题的是 Trifunac[1],他较早地关注到了河谷对于地震波的放大作用,并将此问题中比较简单的 SH 波入射情况,应用波函数展开法进行了求解,并用阿拉斯加州的 Barnard 冰川以及加州的 Yosemite 河谷的例子佐证了理论分析。他的研究为半平面的弹性波散射问题提供了很好的范例。对于 SH 波散射波问题,由于波的反射规律简单,往往采用镜像法解决[2]。但是,当 P 波或 SV 波入射在直线边界上时,会遵循 Snell 定律,产生角度不同的反射波和折射波,还有复杂的波型转换,且直线边界与波的传播方向存在非正交性,故求解此类问题存在数学障碍。Lee 等人提出将半平面的自由边界看作一个半径很大的圆弧,才解决了 P 波和 SV 波入射自由表面产生的波型转换以及边界非正交性所带来的困难,得到了令人满意的近似解,并用之研究了 P 波或 SV 波入射时,地下孔洞以及地表缺陷对于地表位移场的影响[3, 4]。

本章研究的模型是浅部隧道弹性波散射模型,我们将在得到稳态波入射的基础之上,进一步研究变化的瞬态荷载的散射结果,并就不同的几何模型和入射波形进行讨论。

4.1　浅埋问题模型建立

本研究中使用的几何模型是从均匀岩体中的浅埋洞室推导而来的。简化过程中首先假定介质是完全弹性、均匀、且各向同性的。地面是由一线性边界表示，而洞室由一圆形表示。应力波垂直于隧道洞身入射，故分析对象为隧道的横截面，并假定其处于平面应力状态。模型图如图 4-1 所示。

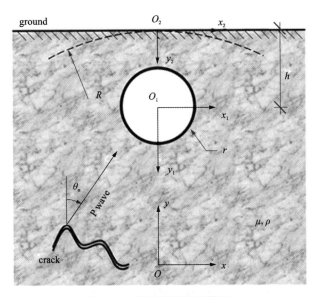

图 4-1　浅埋问题物理模型

如图 4-1 所示，半径为 r 的圆孔嵌入到半无限平面弹性区域中，圆孔中心和直线边界之间的距离为 h。应力波源位于圆孔侧下方较远处，其振动产生的 P 波在均匀地层介质中传播，在到达圆孔周边时，波阵面近似为平面。在不失一般性的前提下，我们假设入射波与直线边界法向所成角度为 θ_α。线性边界近似看作一半径为 R 的圆弧边界，R 的尺度远大于圆孔半径。

分别以大圆弧圆心和孔心为原点建立直角坐标系 $x\text{-}O\text{-}y$ 和 $x_1\text{-}O_1\text{-}y_1$，两坐标系共 y 轴且相对，如图 4-1 所示。介质密度为 ρ，体积弹性模量为 λ，剪切弹性模量为 μ。

与第 2 章相同，本章仍采用一种地震子波作为瞬态波的解析模型，引入参数

ratio，表示上升沿占整个波长的比值。也可通过波形参数，定义为

$$\text{ratio} = \frac{\arctan \dfrac{b}{a}}{\pi} \tag{4.1.1}$$

本书中选取的最小相位子波模型，其能量主要集中在波形前端，故需要满足 ratio<0.5。

4.2　瞬态反应应力集中系数求解

首先将问题引入复平面，定义一组共轭变量。

$$\begin{cases} \zeta = x + y\mathrm{i} \\ \bar{\zeta} = x - y\mathrm{i} \end{cases} \tag{4.2.1}$$

在平面弹性问题中，如果忽略体力，则质点运动满足如下控制方程

$$(\lambda + \mu)\nabla\nabla \cdot u + \mu\Delta u = \rho u_{tt} \tag{4.2.2}$$

将运动进行解耦，分解成体积膨胀的波动分量以及旋转的波动分量，并定义对应的标量位移势 Φ 以及 Ψ，使之满足

$$\begin{cases} \nabla^2\Phi = \dfrac{\partial u}{\partial x} + \dfrac{\partial v}{\partial y} \\ \nabla^2\Psi = \dfrac{\partial u}{\partial y} - \dfrac{\partial v}{\partial x} \end{cases} \tag{4.2.3}$$

4.2.1　稳态 P 波入射下的全波场表示及求解

稳态波入射时，模型内的全波场是时谐的，假设其满足圆频率 ω。将势函数的时间分量和空间分量进行分离，令

$$\begin{cases} \Phi = \mathrm{Re}[\varphi \mathrm{e}^{-\mathrm{i}\omega t}] \\ \Psi = \mathrm{Re}[\psi \mathrm{e}^{-\mathrm{i}\omega t}] \end{cases} \tag{4.2.4}$$

式中，φ 表示 P 波势函数的空间分量，ψ 表示 SV 波势函数的空间分量。在极坐标系下，满足控制方程(4.2.3)的空间分量可以表达为

$$\begin{cases} \varphi(\zeta) = \displaystyle\sum_{n=-\infty}^{\infty} A_n C_n(\alpha|\zeta|)\left(\dfrac{\zeta}{|\zeta|}\right)^n \\ \psi(\zeta) = \displaystyle\sum_{n=-\infty}^{\infty} B_n C_n(\beta|\zeta|)\left(\dfrac{\zeta}{|\zeta|}\right)^n \end{cases} \tag{4.2.5}$$

式中，$C_n(\cdot)$ 表示任意柱函数。$\alpha = \omega/c_p$ 以及 $\beta = \omega/c_s$ 表示 P 波和 SV 波的波数，A_n 和 B_n 为常数。

平面波入射下的全波场可以分解为自由波场和散射波场两部分。

自由波场由入射波和直线边界产生的反射波组成，反射波的幅值和角度满足 Snell 定律，如图 4-2 所示。

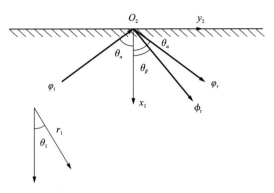

图 4-2　平面波反射模型

上图中坐标系 x_2-O_2-y_2 建立在直线边界上，与图 4-1 保持一致。

在此坐标系下，入射 P 波以及反射 P 波，SV 波可以表示为

$$\varphi_i = e^{i\alpha|\zeta_2|\cos(\theta_2-\pi+\theta_\alpha)+i\alpha h\cos\theta_\alpha} \tag{4.2.6}$$

$$\varphi_r = k_1 e^{i\alpha|\zeta_2|\cos(\theta_2-\theta_\alpha)+i\alpha h\cos\theta_\alpha} \tag{4.2.7}$$

$$\phi_r = k_2 e^{i\beta|\zeta_2|\cos(\theta_2-\theta_\beta)+i\alpha h\cos\theta_\alpha} \tag{4.2.8}$$

入射波的初相位这样表达，就可以满足在 0 时刻，入射波波峰处在洞室圆心处。

根据 Snell 定律，k_1 和 k_2 表示反射系数，表达式如式(4.2.9)。

$$\begin{cases} k_1 = \dfrac{\tan\theta_\beta\tan^2 2\theta_\beta - \tan\theta_\alpha}{\tan\theta_\beta\tan^2 2\theta_\beta + \tan\theta_\alpha} \\[4mm] k_2 = \dfrac{4\sin\theta_\beta\cos 2\theta_\beta\cos\theta_\alpha}{\tan\theta_\beta\sin^2 2\theta_\beta\cot\theta_\alpha + \cos^2 2\theta_\beta} \end{cases} \tag{4.2.9}$$

而反射角的关系为

$$\alpha \cdot \sin\theta_\alpha = \beta \cdot \sin\theta_\beta \tag{4.2.10}$$

通过简单的坐标变换，将自由波场表示在坐标系 x_1-O_1-y_1 中。

$$\varphi_i = e^{i\alpha|\zeta_1|\cos(\theta_1-\pi+\theta_\alpha)} \tag{4.2.11}$$

$$\varphi_r = k_1 e^{2i\alpha h\cos\theta_\alpha} e^{i\alpha|\zeta_1|\cos(\theta_1-\theta_\alpha)} \tag{4.2.12}$$

$$\phi_r = k_2 e^{ih(\beta\cos\theta_\beta+\alpha\cos\theta_\alpha)} e^{i\beta|\zeta_1|\cos(\theta_1-\theta_\beta)} \tag{4.2.13}$$

应用第 2 章中提到的贝塞尔函数的级数表达式(2.1.14)，可以将自由波场展

开成级数表达式。

$$\varphi_i = \sum_{n=-\infty}^{\infty} i^n e^{in(\theta_\alpha - \pi)} J_n(\alpha|\zeta_1|) e^{in\theta_1} \qquad (4.2.14)$$

$$\varphi_r = k_1 e^{2i\alpha h \cos\theta_\alpha} \sum_{n=-\infty}^{\infty} i^n e^{-in\theta_\alpha} J_n(\alpha|\zeta_1|) e^{in\theta_1} \qquad (4.2.15)$$

$$\phi_r = k_2 e^{ih(\beta\cos\theta_\beta + \alpha\cos\theta_\alpha)} \sum_{n=-\infty}^{\infty} i^n e^{-in\theta_\beta} J_n(\beta|\zeta_1|) e^{in\theta_1} \qquad (4.2.16)$$

当自由波场遇到圆孔时，会生成散射波场。散射波场分为两部分，第一部分为圆孔周边的散射波场，第二部分为圆孔与直线自由边界之间应力波反复作用形成的额外的散射波场。

显然，本章模型中需要满足圆孔边界以及直线边界上均应力自由。在圆孔边界处应力自由很容易表示，因为在相应坐标系中建立的波函数，与孔边界满足正交条件。但是对于直线边界，P 波和 SV 波无法同时满足正交条件。因此，为了在平面边界处满足法向应力和剪应力为 0，需要对边界进行几何近似。本章中将直线边界近似为半径为 $R(R \gg r)$ 的圆弧边界，从而使平面边界处的应力自由条件可以在坐标系 $x\text{-}O\text{-}y$ 中方便地表示出来。

在坐标系 $x_1\text{-}O_1\text{-}y_1$ 中，两部分散射波场可以分别表示如下

第一部分

$$\begin{cases} \varphi_{s1}^{(1)} = \sum_{m=-\infty}^{\infty} A_{1m}^{(1)} H_m^{(1)}(\alpha|\zeta_1|) e^{im\theta_1} \\ \varphi_{s1}^{(1)} = \sum_{m=-\infty}^{\infty} B_{1m}^{(1)} H_m^{(1)}(\beta|\zeta_1|) e^{im\theta_1} \end{cases} \qquad (4.2.17)$$

第二部分

$$\begin{cases} \varphi_{s0}^{(1)} = \sum_{m=-\infty}^{\infty} A_{0m}^{(1)} J_m(\alpha|\zeta_1|) e^{im\theta_1} \\ \varphi_{s0}^{(1)} = \sum_{m=-\infty}^{\infty} B_{0m}^{(1)} J_m(\beta|\zeta_1|) e^{im\theta_1} \end{cases} \qquad (4.2.18)$$

对于 $\varphi_{s1}(\phi_{s1})$，选取的径向函数为第一类汉克尔函数，因为第一部分波场是从圆孔中心向外发散的；而对于 $\varphi_{s0}(\phi_{s0})$，选取径向函数为贝塞尔函数，因为第二部分波场是在两边界处反复作用形成的驻波波场。

式(4.2.17)和式(4.2.18)中表达式的上标"1"表示坐标系标号，以下相同。

在坐标系 $x\text{-}O\text{-}y$ 中，也可以将两部分散射波场表示为：

第一部分

$$\begin{cases} \varphi_{s1}^{(0)} = \sum_{n=-\infty}^{\infty} A_{1n}^{(0)} H_n^{(1)}(\alpha |\zeta_0|) \mathrm{e}^{\mathrm{i}n\theta_0} \\ \phi_{s1}^{(0)} = \sum_{n=-\infty}^{\infty} B_{1n}^{(0)} H_n^{(1)}(\beta |\zeta_0|) \mathrm{e}^{\mathrm{i}n\theta_0} \end{cases} \qquad (4.2.19)$$

第二部分

$$\begin{cases} \varphi_{s0}^{(0)} = \sum_{n=-\infty}^{\infty} A_{0n}^{(0)} J_n(\alpha |\zeta_0|) \mathrm{e}^{\mathrm{i}n\theta_0} \\ \phi_{s0}^{(0)} = \sum_{n=-\infty}^{\infty} B_{0n}^{(0)} J_n(\beta |\zeta_0|) \mathrm{e}^{\mathrm{i}n\theta_0} \end{cases} \qquad (4.2.20)$$

此时径向函数选择第一类汉克尔函数的原因是可以满足 Graf 加法公式的构造，而且可以满足散射波场的完备性。

根据几何关系，运用第 2 章中推导的外域型 Graf 加法公式(2.1.24)，可以得到散射波 φ_{s1}、ϕ_{s1} 满足

$$\begin{cases} \varphi_{s1}^{(0)} = \sum_{m=-\infty}^{\infty} A_{1m}^{(1)} \sum_{n=-\infty}^{\infty} J_{m+n}(\alpha |R-d|) H_n^{(1)}(\alpha |\zeta_0|) \mathrm{e}^{\mathrm{i}n\theta_0} \\ \phi_{s1}^{(0)} = \sum_{m=-\infty}^{\infty} B_{1m}^{(1)} \sum_{n=-\infty}^{\infty} J_{m+n}(\beta |R-d|) H_n^{(1)}(\beta |\zeta_0|) \mathrm{e}^{\mathrm{i}n\theta_0} \end{cases} \qquad (4.2.21)$$

进行简单推导，可得两坐标系下待定系数之间关系为

$$\begin{bmatrix} A_{1n}^{(0)} \\ B_{1n}^{(0)} \end{bmatrix} = \sum_{m=-\infty}^{\infty} \begin{bmatrix} J_{n+m}(\alpha |R-d|) & 0 \\ 0 & J_{n+m}(\beta |R-d|) \end{bmatrix} \begin{bmatrix} A_{1m}^{(1)} \\ B_{1m}^{(1)} \end{bmatrix} \qquad (4.2.22)$$

同理，两坐标系下散射波 $\varphi_{s0}(\phi_{s0})$ 表达式中的待定系数满足

$$\begin{bmatrix} A_{0n}^{(0)} \\ B_{0n}^{(0)} \end{bmatrix} = \sum_{m=-\infty}^{\infty} \begin{bmatrix} J_{n+m}(\alpha |R-d|) & 0 \\ 0 & J_{n+m}(\beta |R-d|) \end{bmatrix} \begin{bmatrix} A_{0m}^{(1)} \\ B_{0m}^{(1)} \end{bmatrix} \qquad (4.2.23)$$

以及

$$\begin{bmatrix} A_{0m}^{(1)} \\ B_{0m}^{(1)} \end{bmatrix} = \sum_{n=-\infty}^{\infty} \begin{bmatrix} J_{n+m}(\alpha |R-d|) & 0 \\ 0 & J_{n+m}(\beta |R-d|) \end{bmatrix} \begin{bmatrix} A_{0n}^{(0)} \\ B_{0n}^{(0)} \end{bmatrix} \qquad (4.2.24)$$

综上所述，全波场为各个波场分量的叠加，因此有

$$\begin{cases} \varphi = \varphi_i + \varphi_r + \varphi_{s0} + \varphi_{s1} \\ \phi = \phi_r + \phi_{s0} + \phi_{s1} \end{cases} \qquad (4.2.25)$$

根据波动问题在复变函数中的一般表达，可以求得径向应力和剪应力与位移势的关系为

$$\begin{cases} \sigma_\rho - i\tau_{\rho\theta} = -\alpha^2(\lambda + \mu)\varphi + 4\mu e^{2i\theta}\dfrac{\partial^2}{\partial\zeta^2}(\varphi + i\phi) \\ \sigma_\rho + i\tau_{\rho\theta} = -\alpha^2(\lambda + \mu)\varphi + 4\mu e^{-2i\theta}\dfrac{\partial^2}{\partial\bar{\zeta}^2}(\varphi - i\phi) \end{cases} \quad (4.2.26)$$

接下来可以进行边界条件的求解。

直线边界上的应力自由条件可以在 $x\text{-}O\text{-}y$ 中表示如下。

$$\begin{cases} \zeta_0 = R \cdot e^{i\theta_0} \\ \sigma_\rho^{(0)} - i\tau_{\rho\theta}^{(0)} = 0 \\ \sigma_\rho^{(0)} + i\tau_{\rho\theta}^{(0)} = 0 \end{cases} \quad (4.2.27)$$

由于自由波场在直线边界处自动满足应力自由条件，因此只需要考虑散射波场分量。

将应力表达式代入边界条件(4.2.27)，并通过运用复指数函数在$[-\pi, \pi]$上的正交性，得到如下矩阵表达式。

$$K_{(n, R)}^{(J)}\begin{bmatrix} A_{0n}^{(0)} \\ B_{0n}^{(0)} \end{bmatrix} + K_{(n, R)}^{(H1)}\begin{bmatrix} A_{1n}^{(0)} \\ B_{1n}^{(0)} \end{bmatrix} = 0 \quad (4.2.28)$$

式中，各参数定义为

$$K_{(n, \zeta)}^{(C)} = \begin{bmatrix} K_{11(n, \zeta)}^{(C)} & i \cdot K_{12(n, \zeta)}^{(C)} \\ K_{21(n, \zeta)}^{(C)} & -i \cdot K_{22(n, \zeta)}^{(C)} \end{bmatrix} \quad (4.2.29)$$

$$K_{11(n, \zeta)}^{(C)} = [-\alpha^2(\lambda + \mu)C_n(\alpha|\zeta|) + \mu\alpha^2 C_{n-2}(\alpha|\zeta|)] \quad (4.2.30)$$

$$K_{12(n, \zeta)}^{(C)} = [\mu\beta^2 C_{n-2}(\beta|\zeta|)] \quad (4.2.31)$$

$$K_{21(n, \zeta)}^{(C)} = [-\alpha^2(\lambda + \mu)C_n(\alpha|\zeta|) + \mu\alpha^2 C_{n+2}(\alpha|\zeta|)] \quad (4.2.32)$$

$$K_{22(n, \zeta)}^{(C)} = [\mu\beta^2 C_{n+2}(\beta|\zeta|)] \quad (4.2.33)$$

$C_n(\cdot)$ 表示任意的柱函数。

在坐标系 $x_1\text{-}O_1\text{-}y_1$ 中，可以将圆孔周边的应力自由条件表示如下

$$\begin{cases} \zeta_1 = r \cdot e^{i\theta_1} \\ \sigma_\rho^{(1)} - i\tau_{\rho\theta}^{(1)} = 0 \\ \sigma_\rho^{(1)} + i\tau_{\rho\theta}^{(1)} = 0 \end{cases} \quad (4.2.34)$$

此时全波场都需加入计算。

经过相似的计算过程，可以得到如下矩阵表达式。

$$K_{(m, r)}^{(J)}\begin{bmatrix} A_{0m}^{(1)} \\ B_{0m}^{(1)} \end{bmatrix} + K_{(m, r)}^{(H1)}\begin{bmatrix} A_{1m}^{(1)} \\ B_{1m}^{(1)} \end{bmatrix} = -K_{(m, r)}^{(J)}\begin{bmatrix} P_{m1} \\ P_{m2} \end{bmatrix} \quad (4.2.35)$$

右端项 P_m 定义如下

$$\begin{cases} P_{m1} = \mathrm{i}^m \mathrm{e}^{\mathrm{i}m(\theta_\alpha - \pi)} + \mathrm{e}^{2\mathrm{i}\alpha h\cos\theta_\alpha} k_1 \mathrm{i}^m \mathrm{e}^{-\mathrm{i}m\theta_\alpha} \\ P_{m2} = \mathrm{e}^{\mathrm{i}h(\beta\cos\theta_\beta + \alpha\cos\theta_\alpha)} k_2 \mathrm{i}^m \mathrm{e}^{-\mathrm{i}m\theta_\beta} \end{cases} \qquad (4.2.36)$$

这两项分别表示自由波场的 P 波分量以及 SV 波分量。

在式(4.2.28)中,通过左右移项,将 $A_{0n}^{(1)}$ 用 $A_{1n}^{(1)}$ 表示,可以写成

$$\begin{bmatrix} A_{0m}^{(1)} \\ B_{0m}^{(1)} \end{bmatrix} = - \sum_{q=-\infty}^{\infty} \left(L_{(mq)} \begin{bmatrix} A_{1q}^{(1)} \\ B_{1q}^{(1)} \end{bmatrix} \right) \qquad (4.2.37)$$

式中

$$L_{(mq)} =$$
$$\sum_{n=-\infty}^{\infty} \left(\begin{bmatrix} J_{n+m}(\alpha \mid R-h \mid) & 0 \\ 0 & J_{n+m}(\beta \mid R-h \mid) \end{bmatrix} (K_{(n,R)}^{(J)})^{-1} K_{(n,R)}^{(H1)} \begin{bmatrix} J_{n+q}(\alpha \mid R-h \mid) & 0 \\ 0 & J_{n+q}(\beta \mid R-h \mid) \end{bmatrix} \right)$$
$$(4.2.38)$$

这里为了不混淆,将项数用不同字母表示,其本质都是无穷区间上的整数集合。

将式(4.2.37)代入式(4.2.35),继续写成矩阵形式,有

$$- K_{(m,r)}^{(J)} \sum_{q=-\infty}^{\infty} \left(L_{(mq)} \begin{bmatrix} A_{1q}^{(1)} \\ B_{1q}^{(1)} \end{bmatrix} \right) + K_{(m,r)}^{(H1)} \begin{bmatrix} A_{1m}^{(1)} \\ B_{1m}^{(1)} \end{bmatrix} = - K_{(m,r)}^{(J)} \begin{bmatrix} P_{m1} \\ P_{m2} \end{bmatrix} \quad (4.2.39)$$

将上式在 MATLAB 上编制计算程序,可以得到系数 $A_{1m}^{(1)}$,$B_{1m}^{(1)}$,进而由式(4.2.37)得到 $A_{0m}^{(1)}$ 以及 $B_{0m}^{(1)}$。

将待定系数代入波场表达式,可以求得全波场的解。相比较波函数展开法,本章使用的复变函数法在形式上明显更加简洁。

4.2.2　稳态环向应力集中系数表示

在地下圆形空腔周围,环向应力导致的结构拉伸或压缩破坏通常是导致结构破坏的主要原因。在复平面中,当入射波幅值为单位 1 时,孔边环向应力的 DSCF 可以在极坐标系中表示如下:

$$\sigma_\theta^* = \frac{1}{1-v} \left(\varphi_i + \varphi_r + \sum_n \varphi_{sn} \right) \mathrm{e}^{-\mathrm{i}\omega t} \qquad (4.2.40)$$

式中,v 表示岩体介质的泊松比。稳态 DSCF 为 σ_θ^* 的实部。

DSCF 与材料特性,入射波形和频率以及模型几何条件有关。在讨论稳态波时,我们将入射波峰到达孔中心的时刻设为时间轴的零点。

4.2.3　瞬态环向应力集中系数表示

瞬态波作用下,圆孔周边环向应力集中系数的求解遵循以下流程:
(1)首先对瞬态波函数进行频域分解;

（2）然后求解各稳态分量作用下的孔边环向应力；

（3）线性叠加后得到瞬态的孔边环向应力；

（4）取孔边环向应力与入射波产生的应力幅值的比值，得到瞬态 DSCF。

因此，在入射波幅值为单位 1 的前提下，瞬态 DSCF，用 $\overline{\sigma}_\theta^*$ 的实部表示，$\overline{\sigma}_\theta^*$ 可以写成

$$\overline{\sigma}_\theta^* = \frac{\overline{\sigma}_\theta}{-2\alpha^2(\lambda + \mu)} \tag{4.2.41}$$

$$\overline{\sigma}_\theta = \frac{1}{\sqrt{2\pi}} \int_{-\infty}^{\infty} F(\omega, \zeta) \chi(\zeta, \omega) e^{-i\omega t} d\omega \tag{4.2.42}$$

式中，导纳函数 $\chi(\zeta, \omega)$ 为稳态环向应力与入射波波函数的比，即

$$\chi(\zeta_1, \omega) = -2\alpha^2(\lambda + \mu) \frac{\varphi_i(\zeta_1) + \varphi_r(\zeta_1) + \sum_n \varphi_{sn}(\zeta_1)}{\varphi_i(\zeta_1)} \tag{4.2.43}$$

$F(\omega, \zeta)$ 表示入射波的傅立叶变换系数，结合入射波函数式（2.3.1），计算得到 $F(\omega, \zeta_1) =$

$$e^{i\alpha \text{Re}\left[\zeta_1 e^{i(\theta_\alpha - \pi)}\right]} \cdot \begin{cases} e^{\frac{a}{b}\arctan\left(\frac{b}{a}\right)} \sqrt{1 + \left(\frac{a}{b}\right)^2} \dfrac{b}{\sqrt{2\pi}\left[(-a+i\omega)^2 + b^2\right]} (e^{\frac{-a+i\omega}{b}\pi} + 1), & a \geqslant 0 \\[4mm] e^{\frac{a}{b}\left[\arctan\left(\frac{b}{a}\right) + \pi\right]} \sqrt{1 + \left(\frac{a}{b}\right)^2} \dfrac{b}{\sqrt{2\pi}\left[(-a+i\omega)^2 + b^2\right]} (e^{\frac{-a+i\omega}{b}\pi} + 1), & a < 0 \end{cases} \tag{4.2.44}$$

结合稳态波入射的 DSCF 表达式（4.2.40），得到

$$\overline{\sigma}_\theta^* = \frac{1}{\sqrt{2\pi}} \int_{-\infty}^{\infty} F(\omega, \zeta) \sigma_\theta^*(\omega, \theta) d\omega \tag{4.2.45}$$

瞬态 DSCF 为 $\overline{\sigma}_\theta^*$ 的实部。

在模型中 a 和 b 确定波达到峰值的时刻以及波长。因此，通过改变这两个参数，可以获得不同冲击载荷下圆孔周围 DSCF 的分布。

4.3 计算过程中的误差分析

通过上述数学推导，已经获得了任意瞬态平面 P 波入射下，半平面内圆孔周边的环向应力 DSCF 的级数表达式。接下来将进行算例分析，并探究瞬态波形变化对于 DSCF 分布的影响。

本章的算例中，首先定义岩石介质材料的弹性参数和洞室几何尺寸。定义材料

密度为 $\rho = 2794$ kg/m^3，泊松比 $v = 0.20$，杨氏模量 $E = 50$ GPa。圆孔半径 r 为 2 m。

通常在地下结构的整个生命周期内，可能受到的冲击荷载的频率变化范围很大，通常地震波的主频较低，而爆破波的主频较高。地震波的波长与波源的尺度相关，有时一些深部地震波波长可以达数十公里，主频低至 1 Hz 左右；而爆破波长与装药方式、装药量等相关，通常主频有上千 Hz，对应波长为几十米甚至几千米。

所以本章所研究的瞬态子波波长范围选择 20 m 到 20000 m，基本可以将地下结构遇到的常见荷载包括在内。本章所定义的变量 ratio 可以用来刻画瞬态子波上升沿与波长的比值，现在研究不同 ratio 对应的应力波所对应的频谱结构。

图 4-3 和图 4-4 分别给出了波长 20000 m 时，不同 ratio 对应的瞬态波形，以及其相应的傅立叶谱。

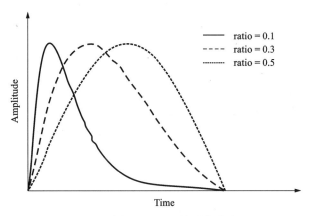

图 4-3　波长 20000 m 的瞬态波波形

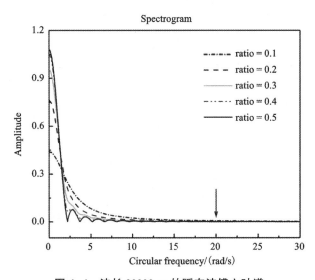

图 4-4　波长 20000 m 的瞬态波傅立叶谱

从图 4-4 中可以看出，ratio 越大，频谱范围越狭窄，能量主要集中在低频波段，ratio 越小，高频波段包含的能量越多，当 ratio=0.1 时，傅立叶谱的范围约为 0 rad/s 到 20 rad/s。

易得，当波长为 20 m 时，根据傅立叶变换的相似定理

$$f(at) \leftrightarrow \frac{1}{|a|} F\left(\frac{\omega}{a}\right) \tag{4.3.1}$$

不同 ratio 对应的傅立叶谱最大范围约为 0 rad/s 到 20000 rad/s。

由于瞬态 DSCF 的求解涉及包含高频率稳态 DSCF 的积分，而根据以往的研究，高频稳态波动问题的求解结果往往出现很明显的震荡，因此在进行进一步计算之前，需要对计算方法进行精度分析。

稳态 DSCF 的计算过程存在三种误差源：由平面波展开引起的截断误差，大圆弧边界和直线边界的形状误差以及在坐标转换中，由于 Graf 加法定理引起的截断误差。

4.3.1 平面波展开截断误差

平面波可以展开成贝塞尔函数的无穷级数之和，在实际计算过程中需要进行截断级数求解。本章中定义误差系数 $E_{1\varphi}$ 和 $E_{1\phi}$，来表示 $-s$ 阶到 s 阶级数之和与原函数的相对误差。其定义式如下

$$E_{1\varphi} = \left[e^{i\alpha h\cos\theta_\alpha} \sum_{n=-s}^{s} i^n e^{in(\theta_\alpha - \pi)} J_n(\alpha|\zeta_1|) e^{in\theta_1} - k_1 e^{-i\alpha h\cos\theta_\alpha} \sum_{n=-s}^{s} i^n e^{-in\theta_\alpha} J_n(\alpha|\zeta_1|) e^{in\theta_1} \right] /$$
$$(\varphi_i + \varphi_r) - 1 \tag{4.3.2}$$

$$E_{1\phi} = \left[k_2 e^{-i\beta h\cos\theta_\beta} \sum_{n=-s}^{s} i^n e^{-in\theta_\beta} J_n(\beta|\zeta_1|) e^{in\theta_1} \right] / (\phi_r) - 1 \tag{4.3.3}$$

以上两个指标越接近 0，展开的精度就越好。

由于贝塞尔函数的级数展开是收敛的，因而随着 s 的增加，精度会越来越好。但是 s 的增加会导致待定系数求解的线性方程组规模增大，从而提高计算成本，所以 s 的增加只需要满足期望精度即可。

定义稳态波数为洞室半径与波长的比值，即 $\alpha_s = \alpha r/(2\pi)$。当稳态频率为 20000 rad/s 和 20 rad/s 时，对应的稳态波数约为 2 和 0.002。

图 4-5 是稳态波数为 0.002 时，不同角度入射瞬态 P 波引起的自由波场所对应的 $E_{1\varphi}$ 和 $E_{1\phi}$ 沿孔边分布的图像。

当稳态波数为 0.002 时，对应波长为 20000 m 的瞬态波所包含的频率上限。如图 4-5 所示，此时级数收敛速度很快，且 $s=1$ 时，就可满足孔边误差均小于 10^{-7}。而入射角对于误差绝对值的影响较小。

稳态波数为 2 对应本章中波长为 20 m 的瞬态波所包含的稳态波频率上限。

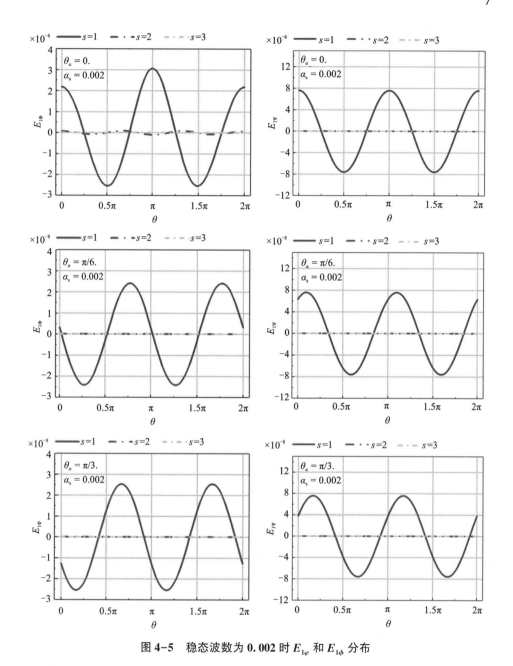

图 4-5　稳态波数为 0.002 时 $E_{1\varphi}$ 和 $E_{1\phi}$ 分布

如图 4-6 所示，波数较大时，级数整体收敛较慢，如果控制精度为 0.001，当 s 为 4 时，P 波展开误差在孔边任意位置均可满足，而对于 SV 波展开误差，则需要 s 不小于 5。入射角为 0 时的 P 波误差极值略高于倾斜入射情况。

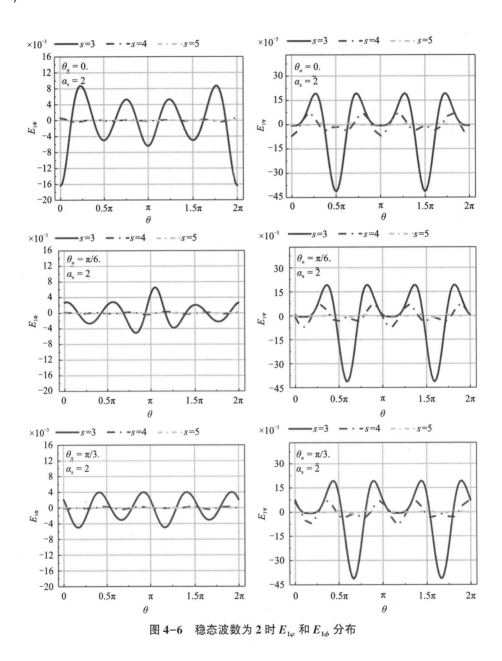

图 4-6　稳态波数为 2 时 $E_{1\varphi}$ 和 $E_{1\phi}$ 分布

　　因此，在本章分析中，当选取展开项数为 -5 到 5，可保证瞬态自由波场的任意稳态分量的展开误差小于千分之一，易知瞬态波场的展开误差同样小于千分之一。

4.3.2　坐标转换误差

Graf 加法公式通过将贝塞尔函数展开成无穷级数的形式来完成坐标转换，从而完成多极坐标问题中各边界条件的联立。在实际计算过程中只能截取有限项进行计算，由此产生误差。

由 4.2.1 的计算过程中可以看到，联立求解两个边界条件时，算子 L 用到了正反两次 Graf 加法公式。此步计算中的误差可以通过以下方法量化。

根据对称关系，未知系数 $A_{0n}^{(0)}$ 及 $B_{0n}^{(0)}$ 应满足如下关系

$$
\begin{bmatrix} A_{0q}^{(0)} \\ B_{0q}^{(0)} \end{bmatrix} \approx \sum_{m=-t}^{t} \begin{bmatrix} J_{q+m}(\alpha|R-d|) & 0 \\ 0 & J_{q+m}(\beta|R-d|) \end{bmatrix}
$$
$$
\sum_{n=-s}^{s} \begin{bmatrix} J_{n+m}(\alpha|R-d|) & 0 \\ 0 & J_{n+m}(\beta|R-d|) \end{bmatrix} \begin{bmatrix} A_{0n}^{(0)} \\ B_{0n}^{(0)} \end{bmatrix} \qquad (4.3.4)
$$

简化成矩阵形式，则有

$$
X_s^{(l)\prime} \approx \begin{bmatrix} J_{11}^{(l)} & J_{12}^{(l)} & & J_{1t}^{(l)} \\ J_{21}^{(l)} & J_{22}^{(l)} & & J_{2t}^{(l)} \\ & & \ddots & \\ J_{s1}^{(l)} & J_{s2}^{(l)} & & J_{st}^{(l)} \end{bmatrix} \cdot \begin{bmatrix} J_{11}^{(l)} & J_{12}^{(l)} & & J_{1s}^{(l)} \\ J_{21}^{(l)} & J_{22}^{(l)} & & J_{2s}^{(l)} \\ & & \ddots & \\ J_{t1}^{(l)} & J_{t2}^{(l)} & & J_{ts}^{(l)} \end{bmatrix} \cdot X_s^{(l)} \qquad (4.3.5)
$$

式中，$X_s^{(l)}$ 为 $2s+1$ 阶未知系数向量。l 代表系数性质，当 $l=1$ 时，$X_s^{(l)}$ 代表 $A_0^{(0)}$；当 $l=2$ 时，$X_s^{(l)}$ 代表 $B_0^{(0)}$。

矩阵中的元素 $J_{mn}^{(l)}$ 为贝塞尔函数，当 $l=1$ 时，$J_{mn}^{(l)}$ 表示 $J_{n+m}(\alpha|R-d|)$；当 $l=2$ 时，$J_{mn}^{(l)}$ 表示 $J_{n+m}(\beta|R-d|)$。

$X_s^{(l)\prime}$ 则代表进行两次 Graf 加法公式变换之后的系数向量。$X_s^{(l)\prime}$ 与原向量的相对误差可以用来表征坐标转换带来的误差，并定义如下

$$
E_{2\varphi} = [X_s^{(1)\prime} - X_s^{(1)}]/X_s^{(1)} \qquad (4.3.6)
$$
$$
E_{2\phi} = [X_s^{(2)\prime} - X_s^{(2)}]/X_s^{(2)} \qquad (4.3.7)
$$

$E_{2\phi}$ 与 $E_{2\varphi}$ 越接近 0，转换精度越高。

由表达式可知，此误差由圆弧边界 R，矩阵维数 t，以及稳态波波数确定。s 即自由波场级数展开所截断的阶数，根据对第一类误差来源的分析可知，低波数情况下，将 s 设置为 2，高波数情况下，将 s 设置为 5，从而保证第一步误差不大于千分之一。

矩阵维数 t 主要与求解矩阵的规模相关，容易知道，t 实质上是 Graf 加法公式的展开项数。因此，由于 Graf 加法公式是收敛的，t 的增大会使结果更加精确。

与此同时，R 表示大圆弧假定中的圆弧边界，R 越大，则边界越接近平面边

界，与模型的几何条件拟合得越好。

数值实验证明，t 和 R 对于计算精度的影响是相互耦合的，以下是控制结果精度的情况下，对 t 和 R 取值的具体研究。

图 4-7 分别表示的是在稳态波数为 0.002 或 2 时，系数保持误差不大于千分之一以及千分之五时，随着圆弧半径 R 的增大，满足条件的最小 t 值的变化规律。横坐标选择 R 与圆孔半径 r 的比值，更能描述圆弧的相对大小。

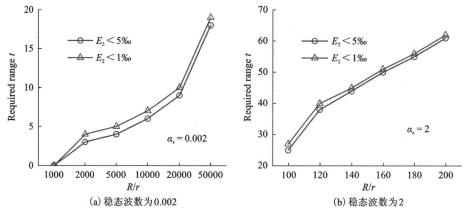

(a) 稳态波数为 0.002   (b) 稳态波数为 2

图 4-7　满足特定精度条件下 t 与 R 的关系

如图所示，最小 t 值与 R 的变化呈正相关。因此，为了在保证精度的同时节约计算成本，可以考虑减小 R 值。考虑到将大圆弧半径稍稍减小并不会明显改变圆孔周边的一小段线性边界的几何特征，这样做是可以接受的。

4.3.3　DSCF 震荡处理

获得了理想精度的稳态结果表达式，便可以通过傅立叶变换，进行积分并得到瞬态解。以往的研究中已经发现，多极坐标问题中，稳态 DSCF 随频率变化的曲线在高频部分可能出现震荡，并出现明显不符合实际情况的奇异值[5]。这些点的存在会严重影响积分结果。因此，根据曲线的总体趋势，本章中使用了一种巴特沃斯低通滤波器，使 DSCF 曲线在保留整体趋势的前提下平滑化。

图 4-8 展示了滤波前后 DSCF 曲线比较的一个示例。图中情形对应的各参数：ratio 为 0.2，圆孔埋深为 10 m，入射角度为 $\pi/6$。四个子图分别为极坐标系 (O_1, θ_1) 下的四个象限点。

图中的虚线是原始 DSCF 曲线。使用的通带频率和阻带频率分别为 10% 和 30% 的归一化奈奎斯特频率。实线表示滤波后效果。很明显，通过滤波，DSCF 相对于频率的总体变化趋势得以保留，并且消除了振荡部分，这提高了结果的可靠性。

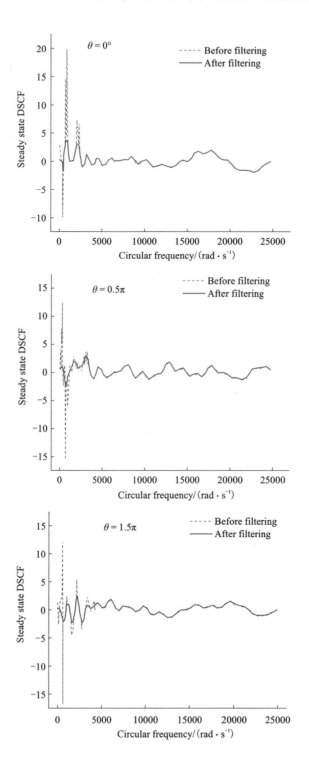

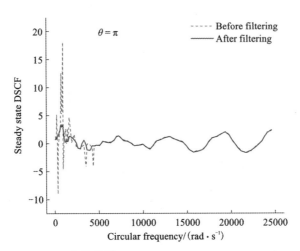

图 4-8　滤波效果($\text{ratio} = 0.2$, $d = 10\ \text{m}$, $\theta_\alpha = \pi/6$)

4.4　算例分析与讨论

4.4.1　低频波入射结果分析

图 4-9 到图 4-11 分别展示了当波数为 0.002 时, ratio 分别为 0.1, 0.3, 0.5 的瞬态波在圆孔周边产生的 DSCF 分布图。入射角分别为 0°(垂直于半平面入射)、30°以及 60°; 各个情况下, 选择埋深分别为 5 m, 10 m, 15 m, 25 m, 45 m 的情况进行对比。

根据图 4-9 到图 4-11, 低波数瞬态 P 波入射半平面圆孔, 形成的圆孔周边环向应力 DSCF 的分布类似于三角形, 三角形的其中一条中垂线与入射方向近似共线。这可能是由于自由波场由入射波和反射波两个方向传来的平面波分量组成。

随着入射角的变化, 分布的形状基本上保持不变, 而整体发生偏转。压应力集中出现在三个角上, 而拉应力集中出现在三个侧面的位置。如图所示, 入射角和深度都会影响 DSCF 的幅值。DSCF 的幅值均小于 1.5, 这远小于第 2 章中无限大空间中圆孔周边受到瞬态 P 波激发时产生的 DSCF 情况, 这说明半平面的存在显著降低了圆孔附近的应力幅值。

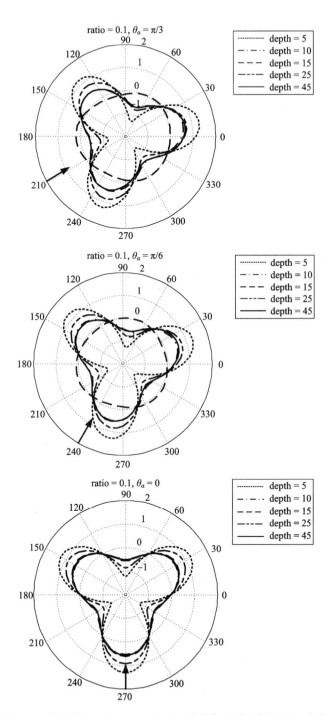

图 4-9　波数为 0.002, ratio 为 0.1 的瞬态 P 波入射 DSCF 分布

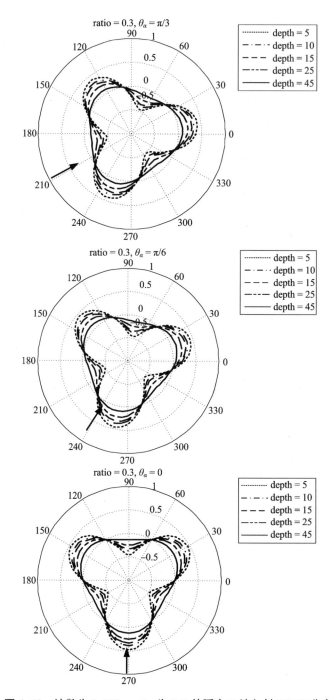

图 4-10　波数为 0.002，ratio 为 0.3 的瞬态 P 波入射 DSCF 分布

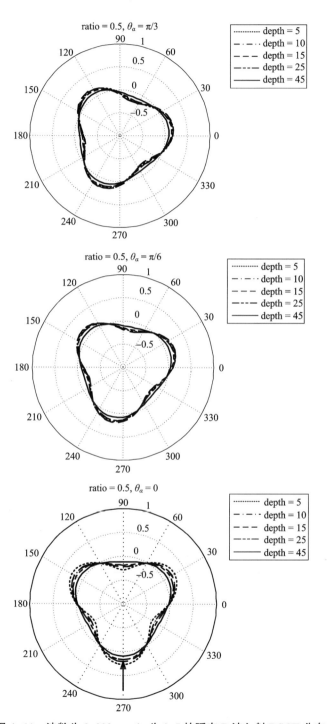

图 4-11　波数为 0. 002, ratio 为 0. 5 的瞬态 P 波入射 DSCF 分布

如图所示,尽管交替出现的压应力和拉应力峰值具有相似的绝对值,但是由于脆性岩体的抗拉强度远低于抗压强度,因此岩体会更倾向于在三角形边中点处发生拉伸破坏。

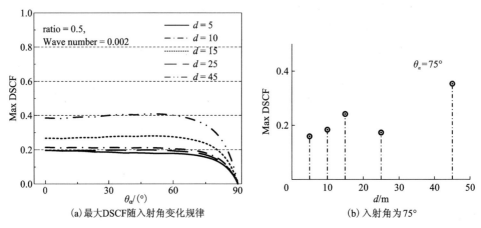

(a) 最大DSCF随入射角变化规律   (b) 入射角为75°

图4-12　圆孔周边最大 DSCF 随着入射角变化的规律(ratio = 0.5)

图 4-12 研究了圆孔距半平面的深度以及入射角对于圆孔周边最大 DSCF 的影响。图 4-12(a)显示,在入射角从 0°增大到 90°的过程中,最大 DSCF 首先保持相对稳定,然后在 θ_α 超过 60°时迅速减小,在 90°时达到 0(平面波擦射的零运动解)。

图 4-12(b)为图 4-12(a)沿入射角为 75°的横截面图。图像表明,最大 DSCF 随深度增加呈现波动的变化规律。

4.4.2　高频波入射结果分析

爆破等工程扰动总是会产生高频和小波长的冲击波,当爆源与圆孔距离较远时,入射波可以视为平面波。

对于波长为 20 m 的高频入射波,图 4-13 到图 4-15 揭示了其在圆孔周边激发的环向应力 DSCF 分布模式。如图所示,DSCF 分布类似于数字"8",其长轴垂直于入射方向,与无限大平面内圆孔周边 DSCF 分布形状相似。

如图 4-13 到图 4-15 所示,在短波长入射波作用时,圆孔深度会显著影响 DSCF 的幅度,而对 DSCF 分布的形状影响很小。这是因为,当入射波传播的方向恒定时,圆孔深度的变化会导致到达圆孔的自由波场存在一定相位差。

接下来进行各影响因素的分析。

首先,讨论圆孔深度对 DSCF 分布的影响。因为垂直入射不会产生额外的 SV 波场,总波场与倾斜入射所产生的波场不同,所以需要分别讨论。

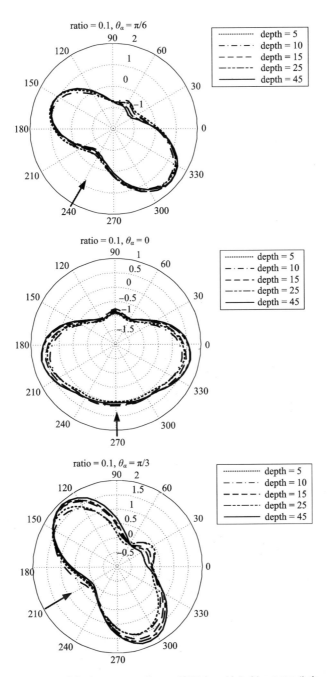

图 4-13　波数为 2，ratio 为 0.1 的瞬态 P 波入射 DSCF 分布

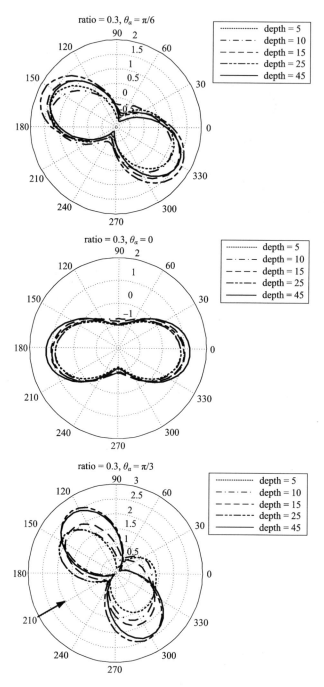

图 4-14 波数为 2, ratio 为 0.3 的瞬态 P 波入射 DSCF 分布

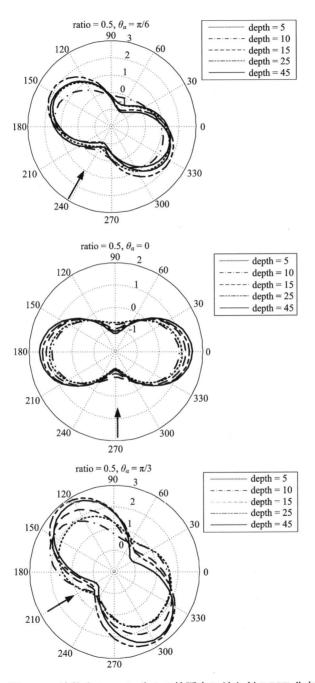

图 4-15　波数为 2, ratio 为 0.5 的瞬态 P 波入射 DSCF 分布

　　图4-16 表示的是当 ratio 分别取 0.1 和 0.5，入射波分别以角 0° 和 60° 入射时，产生的四种不同应力波输入下，最小 DSCF 和最大 DSCF 随孔深变化的规律。

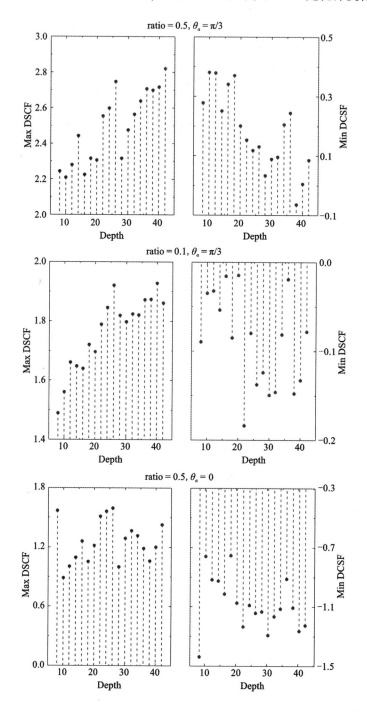

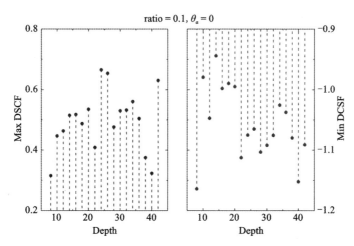

图 4-16 最大 DSCF 与最小 DSCF 随孔深度变化规律

如图 4-16 所示，在倾斜入射的情况下，最大 DSCF 随深度的增加而呈现增加的趋势，而最小 DSCF 随深度的增加而呈减小趋势。在垂直入射的情况下，最大和最小 DSCF 呈现规则的波状变化。垂直入射产生的最小 DSCF 都小于零，并且具有较大的绝对值，这意味着在这些情况下，圆孔周围会产生较大的拉伸应力。

图 4-17 分别表示的是垂直入射以及倾斜入射(入射角 30°)情况下，孔深度一定时，峰值位置不同的瞬态波所激发的环向应力 DSCF 分布对比。当 ratio 低时，瞬态波波形变化较剧烈，高频分量比重较大，相应应力集中的幅值就相对较低。例如，当 ratio 为 0.1 时，垂直入射下 DSCF 的幅值约为 ratio 0.5 时的 50%。

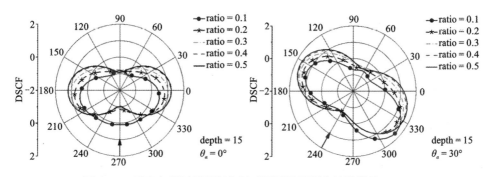

图 4-17 垂直入射以及倾斜入射时不同波形瞬态波激发的 DSCF

图 4-18 中研究了入射角对 DSCF 分布的影响。圆孔埋深分别为 5 m 和 45 m，ratio 分别为 0.1 和 0.5，两变量交叉产生四种不同的情况。

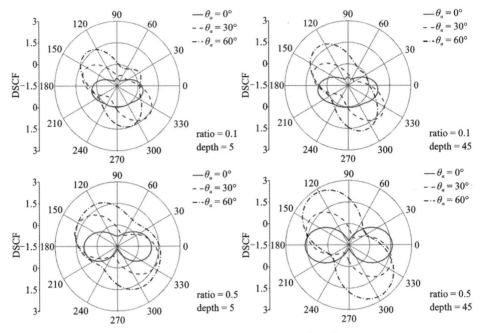

图 4-18　入射角对 DSCF 分布的影响

　　图中结果表明瞬态波的入射角不仅影响 DSCF 的分布形状，而且影响 DSCF 的最大值。随着入射角的增大，圆孔周围的最大 DSCF 增大，这与低频入射行为不同。

　　从分析结果可以得出结论，瞬态波波形中波峰的位置对腔周围的 DSCF 有重要影响。ratio 较小，则意味着波形快速上升而衰减缓慢，DSCF 相对较小。圆孔埋深主要影响 DSCF 幅值。而且，入射角和频率主要影响 DSCF 的分布模式，换言之，它们决定了圆孔周围压缩区和拉伸区的位置。

4.5　本章小结

　　本章详细研究了具有相邻线性边界的半平面圆孔模型在高波数以及低波数两种瞬态 P 波入射下，孔边环向应力 DSCF 的特征[6]。

　　该模型有两个重要特征，一个是瞬态波入射，另一个是由多个自由表面组成。瞬态波与稳态波的最大区别在于其在时域上有限，因此反射波和入射波可能不会同时作用在圆孔周边。但是，当波数较小且圆孔埋藏深度较浅时，波形的前部将被反射并与其他部分一起对圆孔周边产生影响。这类似于稳态波传播的某些阶段。

由于之前很少有研究关注瞬态的 P 波在半平面上入射圆孔，因此我们用文献[2]中低波数 SH 稳态波入射半平面内圆孔模型的相关结果与我们的研究进行比较。研究结果表明，当波数为 0.5/π 且埋深为 1.5 倍圆孔半径时，孔边环向应力 DSCF 的分布图像有三个峰，且图像整体随入射角发生旋转，这与图 4-9 到图 4-11 中的结果一致。

当瞬态波的波数很大时，半平面由于距离较远，对圆孔周边的应力响应几乎没有影响，因此，浅埋圆孔周围的 DSCF 分布应与无限平面内圆孔周围的分布相似。根据文献[7]中的研究，当圆孔嵌入无限平面中时，由瞬态波激发的隧道周围的动态环向应力分布应该呈"8"字形，这与图 4-13 到图 4-15 中的高波数情形相符。

当模型中有多个自由面时，易长平等人[8]研究了含不完美衬砌的隧道模型，他们给出的稳态 DSCF 随频率变化的曲线与本章中图 4-8 的结果类似，也有很多跳跃点。综上所述，可以推断出我们的研究是合理的，并且与以前的相关研究相吻合。

在研究方法方面，以往已经有很多学者使用大圆弧假定结合 Graf 加法公式来解决多极坐标模型中的动态响应问题，但是对于 Graf 加法公式的精度，其级数表达式的收敛速度以及大圆弧半径的选择，尚未进行进一步的研究。本章中，通过控制圆弧半径和 Graf 加法公式表达式的展开项数来研究结果精度的影响条件。我们的研究表明，圆弧半径越大，级数收敛的速度就越慢，入射频率越高，级数的收敛速度就越慢。为了在保持精度的同时降低计算成本，将圆弧半径设置为圆孔半径的 100 倍，对于浅埋孔而言，该假设是合理的。在稳态 DSCF 随频率变化曲线上有很多奇异点，我们使用巴特沃斯滤波器对这些奇异点进行过滤，并获得了更加合理的结果。

瞬时冲击载荷引起的地下结构破坏，其本质原因是波场散射引起的局部应力再分布。本章针对半平面问题建立了简化的数学模型，并通过复变函数方法求解了瞬态 P 波荷载下浅埋空腔周围的动应力集中系数。通过在频域上对稳态响应积分得到了瞬态响应，在积分过程中，通过使用 Butterworth 滤波器，滤除动态应力集中因子(DSCF)曲线中与总体趋势不一致的奇异点，以获得更合理的结果。本章中结果的收敛性和准确性得到了验证和详细讨论。

结果表明，高波数瞬态 P 波入射所激发的半平面内圆孔周边 DSCF 分布与低波数瞬态 P 波情形在幅度和分布模式上有很大不同。通过控制变量，发现圆孔深度主要影响 DSCF 的幅值，而入射角和波峰位置对 DSCF 分布模式有很大的影响。

参考文献

[1] Trifunac M D. Surface motion of a semi-cylindrical alluvial valley for incident plane SH waves [J]. Bulletin of the Seismological Society of America, 1971, 61(6): 1755-1770.

[2] Lee V W, Trifunac M D. Response of tunnels to incident SH-waves [J]. Journal of the Engineering Mechanics Division, 1979, 105(4): 643-659.

[3] Lee V W, Karl J. Diffraction of SV waves by underground, circular, cylindrical cavities [J]. Soil Dynamics and Earthquake Engineering, 1992, 11(8): 445-456.

[4] Lee V W. On deformations near circular underground cavity subjected to incident plane SH waves [C]//Proceedings of the application of computer methods in engineering conference. Los Angeles, 1977, 2: 951-962.

[5] Yi Changping, Zhang Ping, Johansson D, et al. Dynamic response of a circular lined tunnel with an imperfect interface subjected to cylindrical P-waves [J]. Computers and geotechnics, 2014, 55: 165-171.

[6] Li Zhanwen, Tao Ming, Du Kun, et al. Dynamic stress state around shallow-buried cavity under transient P wave loads in different conditions [J]. Tunnelling and Underground Space Technology, 2020, 97: 103228.

[7] Tao Ming, Li Zhanwen, Cao Wenzhuo, et al. Stress redistribution of dynamic loading incident with arbitrary waveform through a circular cavity [J]. International Journal for Numerical and Analytical Methods in Geomechanics, 2019, 43(6): 1279-1299.

[8] Yi Changping, Lu Wenbo, Zhang Ping, et al. Effect of imperfect interface on the dynamic response of a circular lined tunnel impacted by plane P-waves [J]. Tunnelling and underground space technology, 2016, 51: 68-74.

第 5 章 初始应力对孔洞周边动力 响应的影响

在前几章中我们研究了无初始应力状态下不同全平面空间中圆形和椭圆形以及半平面空间中圆孔在动力扰动作用下的响应,但没有考虑初始应力的影响,在实际工程中,尤其是深部岩体工程,初始应力对巷道的动力响应的影响不容忽视。由于初始应力导致的材料各向异性,波传播参数不再是常数,理论模型计算因为数学上存在巨大困难,无法获得问题的解析解。因此,本章采用实验和数值模拟来评估初始应力对圆形和椭圆形孔洞周边的破坏影响。

实验是基于中南大学自主研发的改进 SHPB 系统实现预应力的施加,结合高速摄影和 DIC 技术实现了动-静组合应力环境下含孔洞岩体的破坏特性分析。数值模拟则采用有限元软件 LS-DYNA 显式隐式加载实现应力初始化,使用 CSCM 材料模型实现复杂三维应力环境下的洞室动力破坏。

5.1 初始应力对应力波传播的影响

对于弹性材料,在无孔洞时应力应变可视为沿材料的各个方向均匀分布,弹模和应力应变有如下的关系:

$$E = \frac{\partial \sigma}{\partial \varepsilon} \qquad (5.1.1)$$

但当有初始应力和孔洞存在时,由式(5.1.2)可知,圆孔周边的应力是位置坐标 r 和 θ 的函数,因此有:

$$\sigma = f(r, \theta) \qquad (5.1.2)$$

$$E = \frac{\partial f(r, \theta)}{\partial \varepsilon} \qquad (5.1.3)$$

$$\begin{cases} c_{\mathrm{p}} = \sqrt{\dfrac{\partial f(r, \theta)}{\rho \partial \varepsilon}} \\ c_{\mathrm{s}} = \sqrt{\dfrac{\partial f(r, \theta)}{2\rho(1 + \nu)\partial \varepsilon}} \end{cases} \tag{5.1.4}$$

无初始应力条件下，圆孔周边的散射波可以用波动方程的解构造得到，初始应力存在时，材料的其他参数也将发生改变，因此应力波在加载初始应力的弹性体中传播时传播系数将发生改变[1]，最直接地表现在圆孔周边入射波和反射波的波速和波数都将发生改变。关于一维初始应力对波速的影响目前已经有了众多的数学模型来进行描述[2, 3]如：

Towle 模型：

$$v^2 = v_0^2 + m\sigma_0^{0.333} \tag{5.1.5}$$

Khaksa 模型：

$$v = a + b\sigma_0 - ce^{-d\sigma_0} \tag{5.1.6}$$

Werfer 模型：

$$v = a(\sigma_0/100)^a + b(1 - e^{-b\sigma_0}) \tag{5.1.7}$$

Eberhart-phillion 模型：

$$v = a - b\psi - c\sqrt{v_{\mathrm{d}}} + 0.446(\sigma_0 - e^{-16.3\sigma_0}) \tag{5.1.8}$$

式中，v 为初始应力下的波速，v_{d} 为原始波速，σ_0 为初始应力，ψ 为岩石孔隙率，a，b，c，d，m 均为拟合系数。由于这些传播参数的改变，在代入边界条件求解时，入射波和反射波中含有的柱函数 $J_n(\cdot)$ 和 $H_n^{(1)}(\cdot)$ 由于含有的宗量(kr)不再是常数，而是一个与位置坐标有关的函数，因此彼此之间无法解耦。故当初始应力存在时圆孔周边的散射波和全波函数无法得到，因此借助于数值模拟方法来分析初始应力对圆孔周边动态应力集中的影响。

5.2　不同预应力状态下圆孔周边瞬态动力响应实验研究

5.2.1　实验描述和实验过程

前面章节中，我们得到了圆孔在半正弦瞬态入射波作用下的动态应力集中值的分布，但在地下空间工程、矿山、水利工程(水电站排水隧道、矿山巷道等)。部分隧道处于有初始应力状态下，如图 5-1 所示。

随着埋深的增加，隧道的静压也会增大。根据 Kirsch 理论，在静应力状态下，隧道周围产生静应力集中[4]。同时，地下工程中也存在着一些动应力扰动

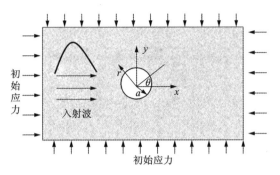

图 5-1　预应力隧道受动载荷作用示意图

（地震、爆破等）。当隧道处于静应力和动力扰动耦合作用下时，隧道周围岩体将受到破坏。由于不同的需要，隧道有不同的断面面积，这对洞周岩体的破坏有很大的影响。为了进一步揭示隧道断面对地下洞室破坏模式的影响，我们对预制花岗岩试件进行了室内动静态联合加载试验，并利用动静混合 3D 数值图像相关测量系统对试件在动加载过程中的破坏进行监测。实验中的样品均取自同一岩体，可视为同一性质。样品直径约为 50 mm，长径比接近 2∶1，试样中心钻取直径为 D 的圆孔（D=5 mm，10 mm，15 mm）。试验所用花岗岩的一些物理力学性质为：密度 ρ = 2628 kg/m³，泊松比 ν = 0.18，弹性模量 E = 43.1 GPa，P 波速度为 4082 m/s，单轴抗压强度 150 MPa。

5.2.2　动静组合加载试验

实验使用了中南大学研制的一种改进的 SHPB 装置，该装置能够实现静态和动态耦合加载和基于高速摄影的数字图像相关（DIC）技术。DIC 是一种测量应变和位移的非接触光学技术[5]，在岩土工程和材料科学中得到广泛应用[6]。改造后的 SHPB 装置如图 5-2 所示。入射杆和透射杆均为钢材料，纵波波速为 5500 m/s。入射杆和透射杆的长度为 2 m 和 1.5 m，轴压范围为 0~80 MPa。

通过改进的 SHPB 装置可以产生如图 5-3 所示的标准半正弦入射应力波。SHPB 被广泛应用于研究不同材料（如岩石、煤、玻璃等）在动、静、动静耦合载荷下的力学性能和动态破坏形式[7-10]，对改性 SHPB 的研究更多由李夕兵等人详细报道[11]。

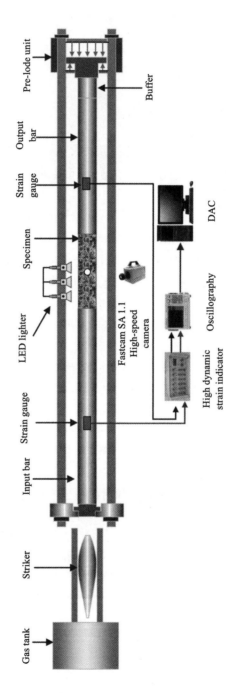

图5-2 改进的SHPB设备

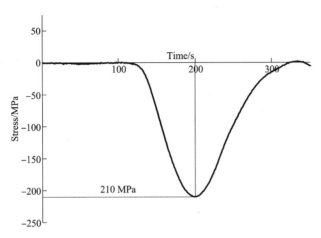

图 5-3　改进的 SHPB 设备产生的半正弦应力时间曲线

5.2.3　预应力对试样破坏的影响

利用改进后的 SHPB 在中南大学进行了静态和动静组合试验。结合高速摄像机对试件的完全破坏进行了评估。图 5-4 为试样在不同静预应力下的高速摄影仪拍摄到岩石的破坏特性。由图 5-4 可知，轴向静压预应力为 9 MPa 时，在动态加载完成之前裂纹和宏观破坏没有出现，而在动态加载过程中，只有少量岩石粉末漂浮在圆柱形孔洞的侧壁，整个试样没有整体失稳。将动荷载保持在 134 MPa，将静预应力增加到 18 MPa，试件仍未出现裂缝和宏观破坏，然而孔洞周边的颗粒弹射比较明显，岩石粉末也相对低静压较多。当静态预应力增加到 27 MPa，动态加载初期阶段，主要在圆形孔洞 $\theta=\pi/2$ 和 $\theta=3\pi/2$ 位置处出现岩石破裂的痕迹，岩石的碎片主要是在这个区域弹射出来，然而，在这些破坏区域之外，没有观察到其他明显的岩石破坏区域。继续增加静态预应力至 36 MPa，动态加载的过程中，岩屑主要是在孔洞 $\theta=\pi/2$ 和 $\theta=3\pi/2$ 位置喷射出大量碎岩，该状态下的岩石破坏情况与静预应力为 27 MPa 时产生的基本一致，现象稍微强烈一点，然而总体上岩石并没有产生剧烈的破坏。增加静态压力至 45 MPa，首先在孔洞的 $\theta=\pi/2$ 和 $\theta=3\pi/2$ 位置喷射出大量碎岩，然后孔洞内壁传播至远程微观裂纹，最终合并成几个可见线性裂纹，最终导致整个试样几乎完全破坏，破坏程度相较低轴压的明显增大。

由于圆孔的存在，在加载静应力时，空腔周围存在静应力集中现象。同样，在入射波通过圆柱空腔过程中，根据应力波散射理论，入射波的散射或衍射作用在圆柱腔周围逐渐产生应力场，动载过程中也存在动应力集中。

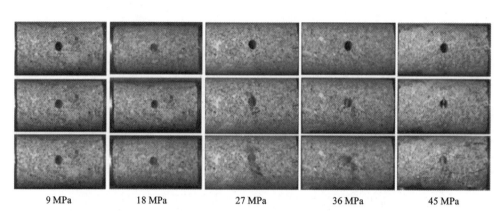

9 MPa   18 MPa   27 MPa   36 MPa   45 MPa

图 5-4　为试样在不同静预应力下的高速摄影仪拍摄到岩石的破坏特性

　　将实验结果与圆形孔洞周边静态与动态应力分布的理论推导结果相比较分析可知，两种方式所获得的静态与动态的应力分布情况基本一致，压缩应力集中最大值均出现在空腔周围的 $\pi/2$ 和 $3\pi/2$ 位置，应力集中最小出现在 0 和 π 位置。另外，对比试验结果可以得知，在较低的静预应力，如 9 MPa 和 18 MPa，再加上动态加载，由于耦合强度小于岩石破坏要求，不会引起岩石破坏。但在保持动荷载的同时，将静预应力提高到 27 MPa 或 36 MPa，则会诱发岩石破坏；此外，45 MPa 的静预应力加上动载荷导致岩石完全破坏。高速摄像机记录的耦合静载荷在 36 MPa 和 45 MPa 时岩石破坏演化过程的图像序列如图 5-5 所示。

　　通过图 5-5 可以知晓，带有孔洞的岩样首先会在应力集中区域周围产生裂缝，进而裂缝扩展导致岩样整体破坏，同时，我们可以观察到在最大压缩应力区域发生的压缩破坏最为明显。因此，综合理论研究及试验中观察到的现象可以得出在静、动应力集中共同作用下，由于耦合作用的加强，将会在应力集中最大位置处导致岩石初次破坏和最终宏观破坏。基于这一发现，在实际工程中，通过控制动态加载函数，可以适当调整动态应力集中的分布，避免高峰动态和静态应力在同一区域耦合叠加，从而保护围岩的稳定性。

5.2.4　钻孔孔径对试样破坏的影响

　　为了进一步得到波长与试样孔径直径的比值对孔边破坏的影响，在本节中，动态加载的峰值应力保持为 $\sigma_p = 134$ MPa。改用不同孔径试样，在不同的预应力状态下进行动静组合加载实验。所使用的每个样品的加载条件和几何形状如表 5-1 所示。

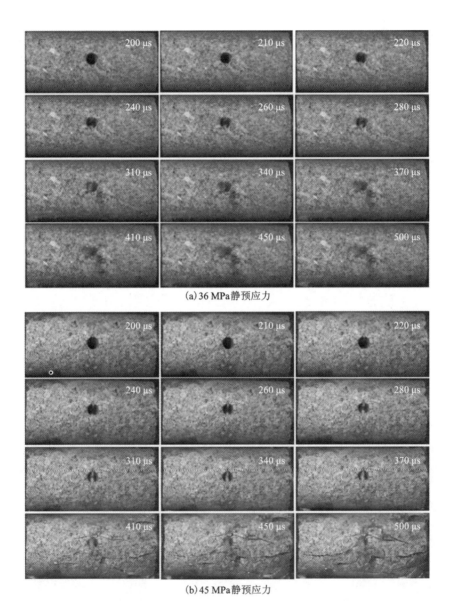

(a) 36 MPa 静预应力

(b) 45 MPa 静预应力

图 5-5　岩石 134 MPa 动载荷和不同静预应力作用下的破坏过程

表 5-1　试样尺寸参数和加载条件

试样编号	长度/mm	直径/mm	预应力/MPa	冲击压力/MPa
5-1	100.16	48.71	0	210
5-2	100.50	48.76	15	210
5-3	100.60	48.83	25	210
10-1	100.54	48.80	0	210
10-2	100.03	48.61	15	210
10-3	99.78	48.73	25	210
15-1	100.29	48.64	0	210
15-2	100.62	48.77	15	210
15-3	100.57	48.72	25	210

注：第一个编号为 No. 表示孔直径(5-1 表示孔直径为 5 mm)

　　同时，采用 DIC 技术测定了试样的表面应变和位移。试件的破坏模式可以通过试件的 y 方向位移来确定，因此，我们选择了不同加载条件下的试样 y 方向位移云图，如图 5-6(a~c)所示。通过对比横向和纵向位移云图，可以明显看出，当 $D=5$ mm 时，随着预应力的增加，孔洞周围的初始破坏由压剪破坏转变为拉伸破坏，再转变为剪切破坏。当 $D=10$ mm 时，随着预应力的增加，初始破坏由拉伸破坏向压缩破坏转变。当 $D=15$ mm 时，试样的初始破坏为压剪破坏。

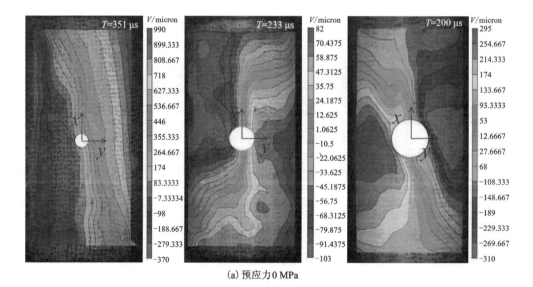

(a) 预应力 0 MPa

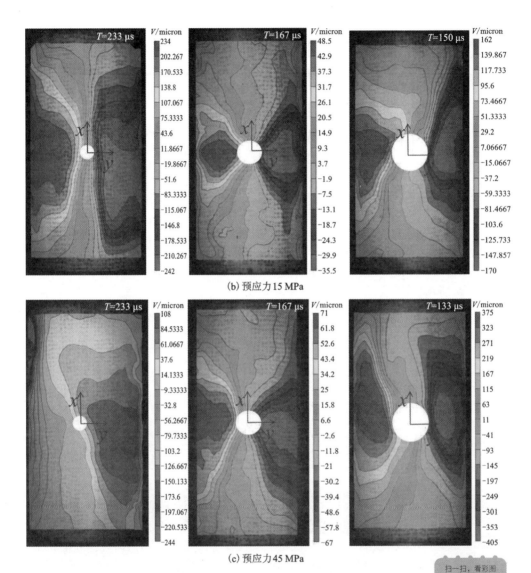

(b) 预应力 15 MPa

(c) 预应力 45 MPa

图 5-6　不同加载条件下裂纹萌生前试样 y 方向位移云图

通过位移和应变分析，可以确定不同的破坏模式[12]，如图 5-5 所示，通过 DIC 技术对试样的表面位移进行可视化。在本实验中，瞬态冲击为 x 方向。如图 5-7 所示，实验中 y 方向位移可以简化为以下两种模式：

通过对比横向和纵向位移云图可以看出，当 D = 5 mm 时，随着预应力的增加，孔洞周围的初始破坏由压剪破坏转变为拉剪破坏，再转变为剪切破坏；当 D =

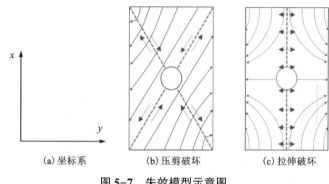

(a) 坐标系   (b) 压剪破坏   (c) 拉伸破坏

图 5-7   失效模型示意图

10 mm 时，随着预应力的增加，初始破坏由拉伸破坏向压剪破坏转变；当 D = 15 mm 时，试样的初始破坏为压剪破坏。试件在不同加载条件下的初始破坏模式如表 5-2 所示。

表 5-2   不同条件下试样的初始失效模式

预应力	圆孔直径 D		
	D = 5 mm	D = 10 mm	D = 15 mm
0 MPa	Te	Te	P-S
15 MPa	Te	P-S	P-S
25 MPa	P-S	P-S	P-S

其中 Te 代表拉伸破坏，P-S 代表压剪破坏。从表中可以看出，随着直径的增加，试样的破坏模式趋于压缩剪切，而预压对试样的破坏模式有很大的影响，试样的初始破坏模式由预压和孔直径决定。实验中通过高速摄影拍摄了样品的整个破坏过程。动态冲击下不同时间孔周围的破坏扩展情况如下：

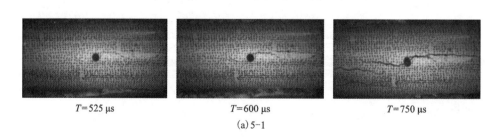

T=525 μs T=600 μs T=750 μs

(a) 5-1

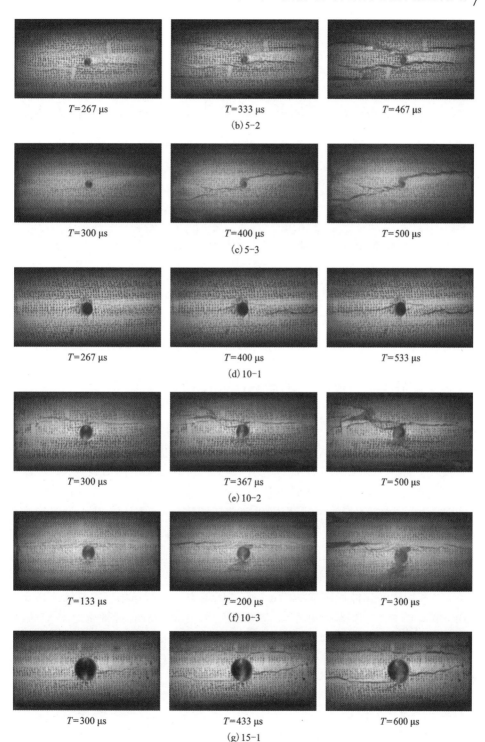

$T=267\,\mu s$　　$T=333\,\mu s$　　$T=467\,\mu s$

(b) 5-2

$T=300\,\mu s$　　$T=400\,\mu s$　　$T=500\,\mu s$

(c) 5-3

$T=267\,\mu s$　　$T=400\,\mu s$　　$T=533\,\mu s$

(d) 10-1

$T=300\,\mu s$　　$T=367\,\mu s$　　$T=500\,\mu s$

(e) 10-2

$T=133\,\mu s$　　$T=200\,\mu s$　　$T=300\,\mu s$

(f) 10-3

$T=300\,\mu s$　　$T=433\,\mu s$　　$T=600\,\mu s$

(g) 15-1

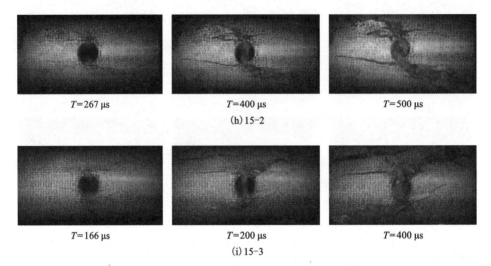

$T=267\ \mu s$ $T=400\ \mu s$ $T=500\ \mu s$

(h) 15-2

$T=166\ \mu s$ $T=200\ \mu s$ $T=400\ \mu s$

(i) 15-3

图 5-8　预制孔洞花岗岩破坏过程高速摄影图片

图 5-8(a~i)为不同孔径试件在不同加载条件下的破坏时程图像。在上一节中，我们分析了不同工况下的初始失效模式，通过高速摄像机图像可以研究失效的发展过程和最终失效模式。根据图 5-6 和图 5-7 得出的结论，9 个试件的破坏可以归纳为四种模式：①拉伸破坏产生初始损伤，压缩剪切破坏主导损伤的进一步发展[T-PS 模式，如图 5-8(b)所示]；②拉伸破坏产生初始破坏，并主导损伤的发展[TT 模式，如图 5-8(a)(d)所示]；③压缩剪切产生初始破坏和主导破坏[PP 模式，如图 5-8(c)(e)(h)(i)所示]；④压缩剪切产生初始裂纹，破坏以拉伸破坏为主[PS-T 模式，如图 5-8(f)(g)所示]。如图 5-8(b)所示，拉伸破坏引发孔洞周围产生初始裂纹，孔洞周围出现剪切裂纹，导致裂纹扩展，最终形成孔洞周围的 X 形剪切破坏区，最后样品破坏。图 5-8(a)(d)从裂纹萌生到最终破坏均以拉应力为主，最终在同一动力冲击方向形成贯通裂纹。在孔径相同的情况下，随着轴向应力的增大，拉伸破坏受到抑制。在相同预应力条件下，随着直径的增大，孔周围的拉伸损伤减小，压缩破坏区增大。一般认为，含孔岩体在压缩作用下破坏的裂纹类型有三种[13]。如图 5-8 所示，随着孔径和轴压的增大，破坏模式由拉伸破坏变为混合破坏，最后变为纯压缩剪切破坏。

综上所述，试样的整体损伤是通过近场裂纹和远场裂纹在孔洞边缘的剪切或拉伸初始裂纹扩展引起的，最终导致整个试样的破坏。

5.3　初始应力对圆孔周边动力响应影响的数值模拟研究

5.3.1　建模和材料选择

　　数值方法是模拟岩石和类岩石材料破坏过程的有力工具。本章中采用 LS-DYNA 软件进行数值模拟，数值模型和网格如图 5-9 所示，模型尺寸为 30 m× 20 m×4 m，圆孔直径 d 分别为 1 m、2 m、3 m，左侧设置为加载边界，其余设置为无反射边界。

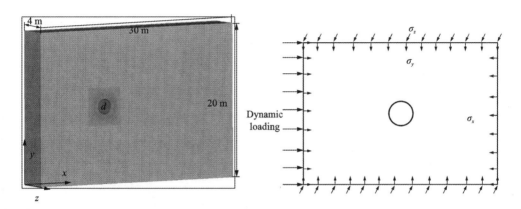

图 5-9　有限元模型和三维应力加载模型

　　首先选用线弹性材料，弹性材料所使用的材料参数与第 3 章中所使用的材料参数相同，在不同的初始应力条件下对含孔洞模型施加瞬态动力荷载得到圆孔周边的 DSCF 分布情况，然后选用连续盖帽模型（continuous surface cap model，CSCM）模拟不同初始应力状态下圆孔周边的塑性破坏。CSCM 材料被广泛应用于模拟类岩石材料的损伤失效特征[14, 15]，并已经证实适用于模拟硬岩[16]的破坏，CSCM 材料能很好地表征岩石的拉伸破坏特征。根据已有研究[14, 15]采用连续盖帽模型（CSCM）来模拟岩石材料的破坏特征，材料包括各向同性本构方程、剪切破坏准则、硬化破坏准则、脆性破坏准则、延性破坏准则、能量方程和与应变率相关的方程。CSCM 材料的屈服方程为[17]：

$$f(J_1, J_2, J_3, k) = J_2 - \Re^2 F_c F_f^2 \tag{5.3.1}$$

式中，J_1、J_2 和 J_3 分别为应力张量的第一、第二和第三不变量；k 为盖层硬化参数；$\Re$ 鲁宾第三因子；F_c 和 F_f 分别为硬化帽和剪切破坏面，可进一步表示为：

$$F_f(J_1) = \alpha_1 - \lambda_1 \exp^{-\beta_1 J_1} + \theta_1 J_1 \tag{5.3.2}$$

$$F_c(J_1, \kappa) = 1 - \frac{[J_1 - L(\kappa)][|J_1 - L(\kappa)| + J_1 - L(\kappa)]}{2[X(\kappa) - L(\kappa)]^2} \tag{5.3.3}$$

这里 α_1，β_1，λ_1，和 θ_1 为圆柱试样三轴抗压强度的拟合参数；$X(\kappa)$ 是盖帽的参数；$L(\kappa)$ 约束盖帽缩回超过其初始位置 k_0；k_0 是 J_1 在硬化前帽和剪切面的初始交点处的值。

由于本章中的圆孔周边考虑了压缩损伤和拉伸损伤，于是采用 CSCM 对硬岩材料进行数值模拟研究，使用的 CSCM 用于岩石破坏分析的材料属性和输入参数见表 5-3。

表 5-3　数值模拟 CSCM 材料输入参数表

杨氏模量 (E)	剪切模量 (G)	体积模量 (K)	密度 (ρ)	泊松比 (υ)	单轴压缩强度 (fc)	单轴拉伸强度 (ft)
3.98e+10	1.72E+10	1.951E+10	2.7E+3	0.16	151	9.1
压缩参数	α 4.060E+08		θ 0.07510	λ 3.097E+08	β 1.0E-09	
剪切参数	$\alpha1$ 0.761		$\theta1$ 2.0E-05	$\lambda1$ 0.0000	$\beta1$ 0.0000	
拉伸参数	$\alpha2$ 0.6800		$\theta2$ 2.290E-05	$\lambda2$ 0.0000	$\beta2$ 0.07057	
帽盖参数	盖帽形状 (R) 4.00		盖帽位置 (Xo) 6.0E+08	最大塑性体积变化 (W) 0.003987	线性硬化 ($D1$) 6.0E-10	二次硬化 ($D2$) 0.0000
断裂能参数	$G\kappa$ 9000		$G\beta$ 180.00	Gfs 90.00		
速率相关参数	单轴压缩应力的速率效应参数 (ηoc) 1.93E-04		速率对单轴压缩应力的影响 ($N\varepsilon$)	单拉伸应力的速率效应参数 (ηoc) 1.760E-05	速率对单轴拉伸应力的影响 (Nt) 0.64	

采用 LS-DYNA 隐式和显式分析模拟了耦合的动静加载状态，不同的模型施加不同的应力状态。隐式加载完成后，模型处于初始应力状态，每个单元和节点在初始应力下的应力状态写入 Dynain 文件。通过删除除了"* INITIAL_STRESSS_SOLID"和"* INITIAL_STRAIN_SOLID"之外的重复节点和单元，使用关键字

"*INCLUDE"将 Dynain 文件添加到 LS-DYNA 的输入 K 文件中。为保证数值模拟中波长与孔径之比和实验中的两者比值相同，采用简化后的动态应力时间曲线如图 5-10 所示，峰值加载 $Pm = 80$ MPa，加载总时间 $t_0 = 6$ ms。

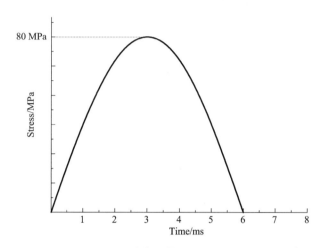

图 5-10　动态加载应力时间曲线

5.3.2　弹性材料中圆孔周边的动力响应

在实际工程中，特别是深埋地下工程中存在着极高的地应力[18]。在初始应力状态下，动态扰动对洞室破坏的影响不同于无应力情况下的破坏。为研究三维初始应力对隧道周边破坏特征的影响，选取直径为 2 m 的隧道模型施加三维初始应力。沿隧道轴向应力为 $\sigma_z = 10$ MPa，引入的侧向应力系数定义为 $\gamma = \sigma_x / \sigma_y$，侧向应力系数分别为 0.5、1 和 1.5。为了评估隧道周围的 DSCF 分布，将入射动应力幅值设置为 80 MPa，不同的静态应力状态如下：

(1) $\gamma = 0.5$；$\sigma_x = 30$ MPa，$\sigma_y = 15$ MPa，$\sigma_z = 10$ MPa；$\sigma_p = 120$ MPa；

(2) $\gamma = 1.0$；$\sigma_x = 30$ MPa，$\sigma_y = 30$ MPa，$\sigma_z = 10$ MPa；$\sigma_p = 120$ MPa；

(3) $\gamma = 1.5$；$\sigma_x = 30$ MPa，$\sigma_y = 45$ MPa，$\sigma_z = 10$ MPa；$\sigma_p = 120$ MPa。

采用在隐式-显示加载完成后，采用后处理软件 LS-Prepost 查看计算结果，不同侧应力系数下 DSCF 分布如下：

从图 5-11 可以看出，圆孔周边的动态应力集中因子极值始终出现在与入射方向垂直的方向上，总体来看初始应力使 DSCF 的极值降低了，当侧压力系数为 0 时，DSCF 极值减小到 1.372，但随着侧压力系数的增大 DSCF 极值也增大了。不同的应力状态下，DSCF 极值随时间的分布总是和动态加载保持一致。

对比图 5-11 和图 5-12，无初始应力状态下 DSCF 的时空变化和动态荷载的

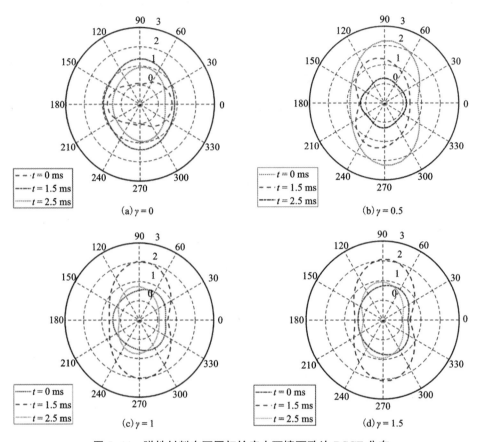

图 5-11 弹性材料在不同初始应力环境下孔边 DSCF 分布

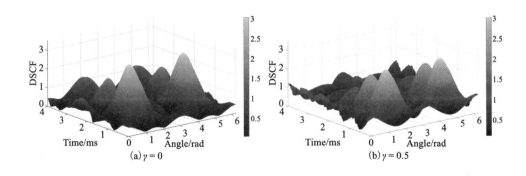

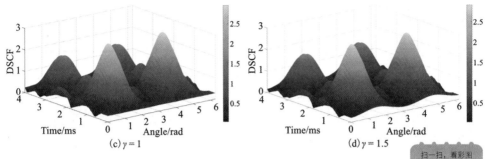

(c) $\gamma = 1$　　　　　　　　　(d) $\gamma = 1.5$

图 5-12　DSCF 随角度和时间变化关系

变化保持一致，有初始应力状态下 DSCF 的变化出现了波动，尤其在动态加载即将结束时，此时由于动载过后孔洞周边开始恢复原有应力平衡状态，当孔边动态应力峰值小于孔边回弹力时，孔边出现应力回弹，使得应力在动载过后出现波动。总体来看初始应力对 DSCF 有增强的作用，不同的初始应力状态下 DSCF 极值列于表 5-4:

表 5-4　不同应力状态下动态应力集中极值

初始应力状态	DSCF 极值
无初始应力	2.697
侧压系数为 0	3.025
侧压系数为 0.5	3.005
侧压系数为 1	2.964
侧压系数为 1.5	2.920

5.3.3　一维初始应力和尺寸对围岩动态破坏特性的影响

按 5.2.1 中方法对模型施加 x 方向的一维预应力，应力初始化后，将材料改为 CSCM 材料，对模型进行动应力加载，得到不同加载条件下孔周围的损伤情况，如图 5-13 所示。在不同加载条件下，隧道周围始终存在拉伸裂纹。随着直径和预应力的增大，孔边缘 X 形损伤的角度增大。显然，孔的迎爆侧和背爆侧均出现了拉伸裂纹，随着预应力的增大，损伤区也随之增大。

数值计算结果表明，破坏总是从入射方向和正交方向开始，由于岩石材料的力学特性，岩石的抗拉强度远低于抗压强度。因此，拉伸裂纹首先在 0 和 π 方向

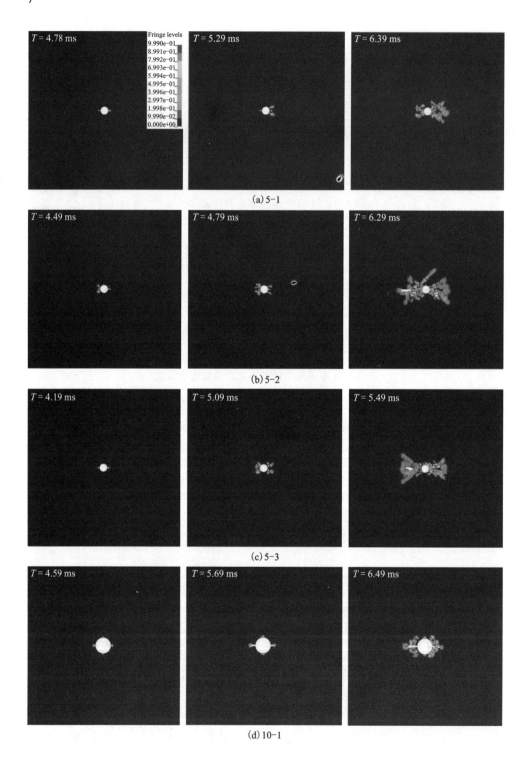

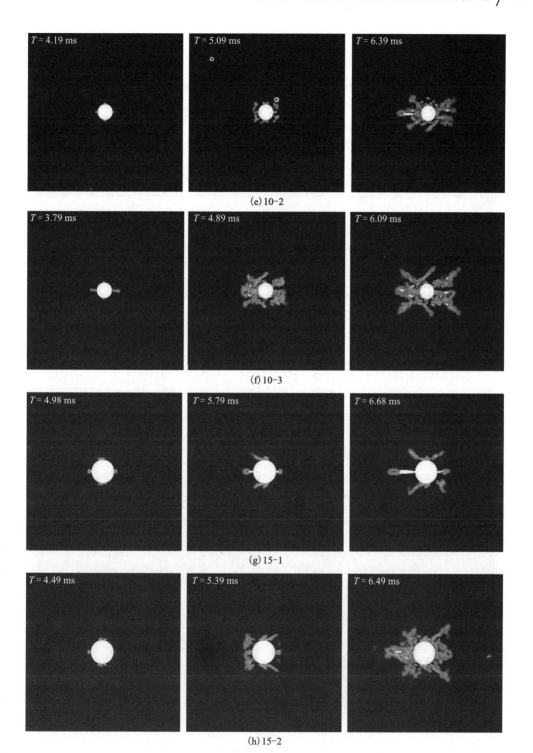

(e) 10-2

(f) 10-3

(g) 15-1

(h) 15-2

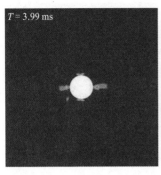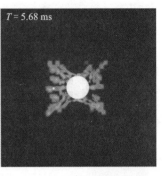

(i) 15-3

图 5-13 圆孔边的塑性破坏分布

上产生，然后损伤区在隧道周围由孔边向围岩扩展，通过对比图中
的破坏情况，结果表明，一维预应力大小决定了损伤程度，直径对
损伤类型有影响。随着预应力的增大，损伤范围增大，但随着隧道直径的增大，
隧道周边的 X 形破坏带更加明显。

5.3.4 三维初始应力对圆形洞室瞬态动力破坏特征的影响

将上一节介绍的应力初始化方法应用于模型，然后在模型的 y 方向上应用瞬态冲击。得到不同应力状态下圆形隧道围岩破坏分布情况，应力初始化后，不同侧压系数下模型应力初始化后应力分布云图如图 5-14 所示：

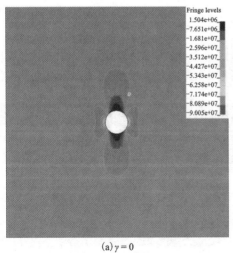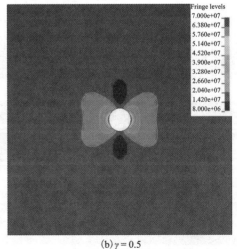

(a) $\gamma = 0$ (b) $\gamma = 0.5$

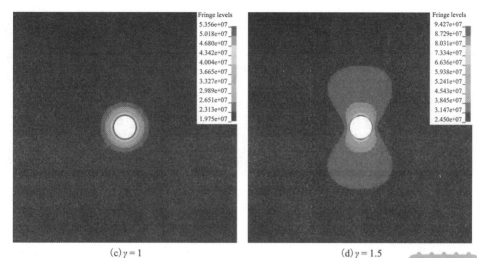

(c) $\gamma = 1$　　　　　　　　　(d) $\gamma = 1.5$

图 5-14　不同侧压系数下圆孔周边应力云图

应力初始化后按照图 5-9 所示的加载模式对模型进行动态加载得到三维初始应力状态下圆形隧道周边的破坏如图 5-15 所示：

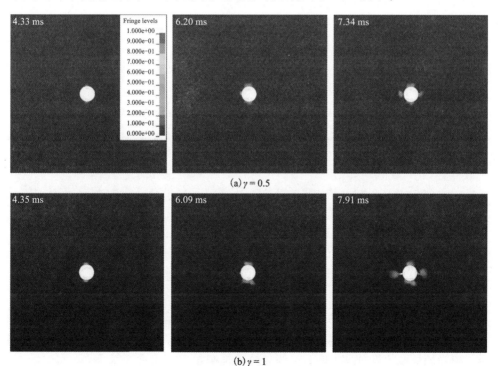

(a) $\gamma = 0.5$

(b) $\gamma = 1$

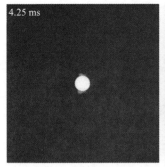

(c) $\gamma = 1.5$

图 5-15　不同应力状态下巷道周围的塑性变形

通过比较图 5-13 和图 5-15 可以看出，当隧道处于三维应力状态下，隧道的破坏不同于单轴压力状态，隧道在瞬态动力扰动作用下破坏总是先从顶部和底部产生，然后在迎爆侧和背爆侧产生破坏，但是隧道附近的总体破坏与单轴应力状态下相同，即总是在隧道的 0、$\pi/2$、π 和 $3\pi/2$ 处开始，然后裂纹相互扩展交叉形成破坏区。当侧压力系数是 0.5 和 1，周围不会出现 X 形破坏区，但当侧压力系数增加到 1.5 时，发生 X 形破坏区，表明较小的初始应力的增量可以减少围岩的破坏区域，但是大的初始应力会增加隧道周围的压缩破坏。为了定量描述初始应力对围岩破坏的影响。我们可以监测初始裂纹两侧节点的位移。在整个动荷载过程中忽略单元的旋转，显然可以通过计算节点的位移来确定裂纹的萌生。如图 5-16(a) 所示，当两个节点之间的位移方向相反时，裂纹为拉伸裂纹(T-crack)，反之为压剪裂纹(CS-crack)。同时，可以利用两种位移之差的绝对值来确定裂纹宽度，进而得到裂纹宽度与加载时间的关系。

利用上述方法，得到 0、$\pi/2$、π、$3\pi/2$ 两侧的 y 方向位移和裂纹宽度随时间的变化如图 5-16 所示：

通过分析 y 方向的位移，结果表明，拉伸裂纹总是在迎爆侧和背爆侧产生，而压缩剪切裂纹则在垂直于入射方向产生。此外，裂纹宽度的变化也反映了三维初始应力对破坏特征的影响。T 形裂纹在动力冲击上升阶段开始张开，当动应力减小到小于初始应力时，动载产生的裂纹在静态应力作用下闭合，如图 5-17 和图 5-18 所示。通过提取裂纹扩展过程中的宽度最大值，得到四个方位上最大裂纹宽度与侧压力系数之间的关系如图 5-19 所示。

从图 5-19 可以看出，拉伸裂纹的宽度总是大于压剪裂纹的，且拉伸裂纹对三维初始应力的存在更为敏感。侧向应力系数的小幅增加促进了拉伸裂纹的扩展，但当侧压系数继续增大时，拉伸裂纹被抑制了。与拉伸裂纹不同的是，随着

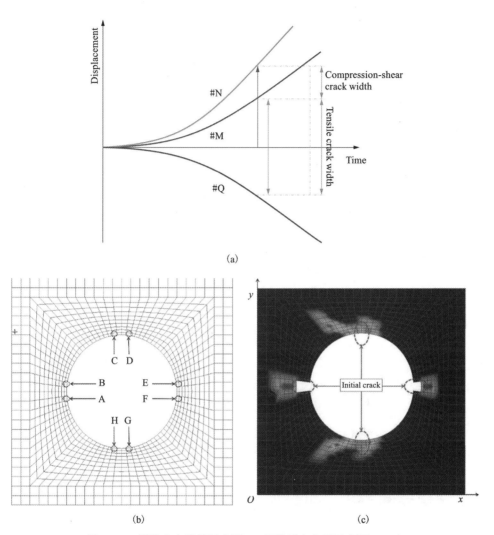

图 5-16　裂纹宽度计算示意图(a)及监测点布置示意图(b、c)

侧应力系数的增大,压剪裂纹的最大宽度随侧压系数的增大一直增大。众所周知,岩石材料的抗压强度远远大于抗拉强度,这意味着在压剪裂纹产生之前,压缩区会储存更多的弹性能,而在裂纹产生时能量释放也会更加剧烈,这对于揭示深部巷道动力扰动诱发的冲击地压和岩爆具有重要意义。

　　试件的几何参数和预应力对试件的初始起裂和最终破坏模式有很大的影响[15, 19]。数值模拟结果表明,初始应力下隧道的拉伸断裂主要有沿入射方向的拉伸裂纹和垂直于入射方向的压缩剪切,最后发展形成一个 X 形隧道破坏区。已

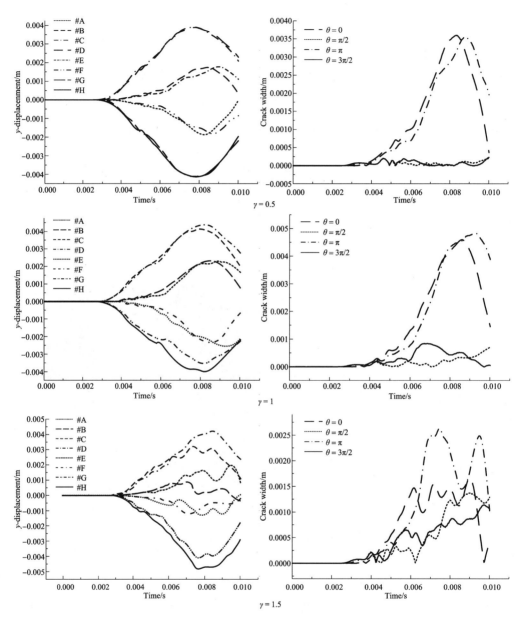

图 5-17 *y* 方向位移和裂纹宽度随时间变化曲线

有研究表明，初始应力的增大会导致隧道围岩储存更多的应变能，动、静耦合应力作用下隧道附近的应变能密度分布如图 5-20 所示。由于岩石材料的抗压强度大于抗拉强度，压应力集中区域总是存储更多的应变能，该地区的高应变能在动

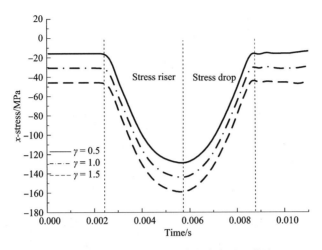

图 5-18　不同工况模型的动态应力时程曲线

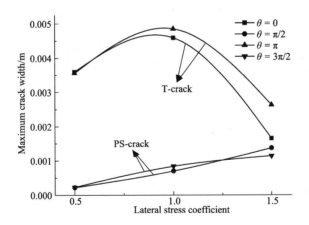

图 5-19　最大裂纹宽度和侧压系数变化关系

态扰动下将导致岩爆，这就是为什么深部岩土工程容易发生岩爆。

就以往的研究来看，作为类岩石材料，泊松比为 0.15 ~ 0.25，从理论解可以看出，在动态冲击作用下，圆孔周边更容易在 0 和 π 角度方向发生拉应力集中。因此，在动荷载作用下，即使圆孔边缘处的拉应力集中远低于压应力集中，也更容易发生拉伸损伤。

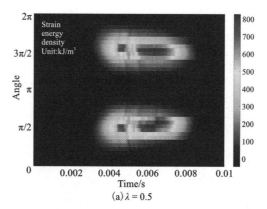

(a) $\lambda = 0.5$

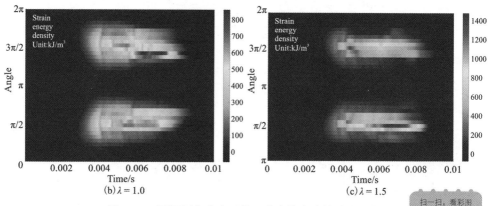

(b) $\lambda = 1.0$ (c) $\lambda = 1.5$

图 5-20　不同侧向应力系数下应变能密度的时空分布

5.4　初始应力对椭圆孔周边塑性破坏的影响

同样，对不同初始应力状态下的椭圆孔情况，假设瞬态冲击峰值应力为 100 MPa，得到了椭圆洞室在不同初始应力环境下的破坏模式。

建立了 10 m×10 m×10 m 三维模型，如图 5-21(a) 所示，椭圆孔洞位于模型中心处，长轴为 2 m，短轴为 1 m。图 5-21(b) 为加载模型，模型左侧为瞬态冲击荷载，在动载荷偏离的另一侧设置无反射边界，以吸收反射波满足全平面空间假设。

为了研究椭圆孔周边的塑性破坏，选用 CSCM 材料，所使用的材料参数如 5.3.1 节中表 5-3 所示。

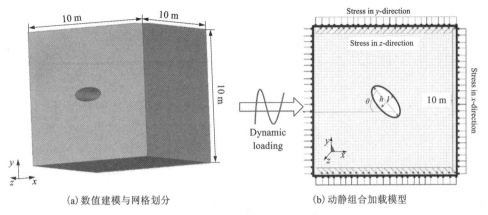

(a) 数值建模与网格划分　　　　　　(b) 动静组合加载模型

图 5-21　3D 数值模型和加载模型

5.4.1　无初始应力状态下椭圆孔周边的动态破坏模拟

为了得到初始应力对椭圆孔破坏的影响，首先我们先对无初始应力状态下椭圆孔周边的塑性破坏进行了模拟。选用 CSCM 材料模型，模型处于自然状态下，无任何初始应力，瞬态冲击峰值应力为 100 MPa，不同角度椭圆洞室周围的塑性破坏特征如图 5-22 所示。

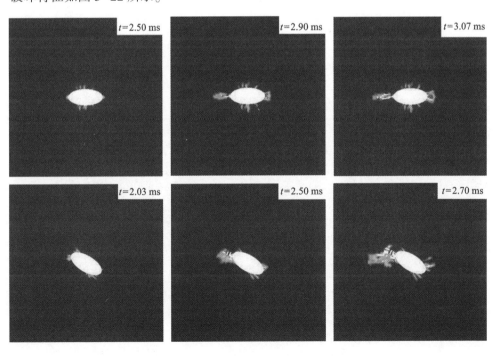

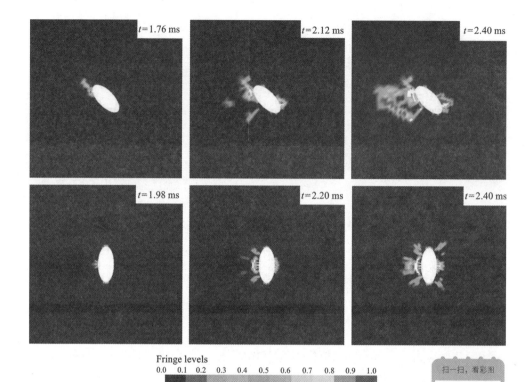

图 5-22 瞬态冲击下椭圆洞室周围不同角度的塑性变形和破坏过程

从图 5-22 中可以看出，当瞬态冲击入射角为 0°时，塑性变形区集中在椭圆短轴的末端。当入射角为 30°和 45°时，塑性应变和破坏主要集中在椭圆长轴周围，这与 DSCF 的分布一致。当入射角增加到 90°时，瞬态冲击作用下，拉伸应力集中出现在短轴的两端，而 CSCM 材料的抗拉强度极限远低于抗压强度极限，因此，塑性变形首先发生在短轴的两端。之后在长轴两端也产生了较大的压应力集中而达到抗压强度极限，长轴的两端应力值达到材料的抗压强度极限，椭圆长轴两端也发生了塑性变形。入射角等于 90°时，椭圆孔边产生一个 X 形塑性破坏区，在迎爆侧产生了层裂破坏。

5.4.2 三维初始应力对椭圆孔破坏影响

为了研究初始应力对椭圆孔周围破坏特征的影响，仍然使用如图 5-21(a)的三维有限元模型和 CSCM 材料，研究椭圆周边的塑性破坏。沿椭圆孔轴向应力设置为 $\sigma_z = 10$ MPa，然后定义侧压力系数为 $\gamma = \sigma_x / \sigma_y$，令侧压系数分别为 0.5、1 和 1.5，不同的应力状态如下：

（1）$\gamma = 0.5$；$\sigma_x = 30$ MPa，$\sigma_y = 15$ MPa，$\sigma_z = 10$ MPa；$\sigma_p = 100$ MPa；

（2）$\gamma = 1.0$；$\sigma_x = 30$ MPa，$\sigma_y = 30$ MPa，$\sigma_z = 10$ MPa；$\sigma_p = 100$ MPa；

（3）$\gamma = 1.5$；$\sigma_x = 30$ MPa，$\sigma_y = 45$ MPa，$\sigma_z = 10$ MPa；$\sigma_p = 100$ MPa。

采用 5.2.1 中提到的加载方式实现应力初始化，求解得到初始应力状态下的椭圆，始终在椭圆长轴两端产生静应力集中，应力初始化后倾角为 0° 和 45° 的椭圆应力状态如图 5-23 所示。

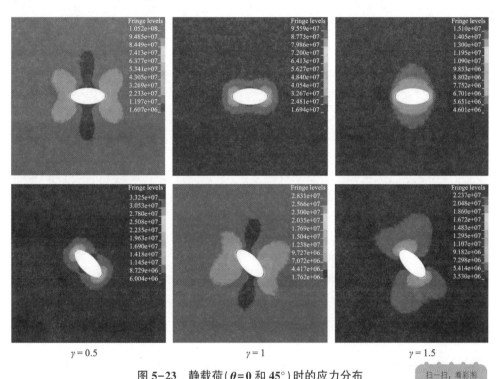

$\gamma = 0.5$ 　　　　　　　　$\gamma = 1$ 　　　　　　　　$\gamma = 1.5$

图 5-23　静载荷（$\theta = 0$ 和 45°）时的应力分布

隐式计算应力初始化后，通过显式计算在左侧施加幅值为 100 MPa 的动态冲击荷载，波形还是如图 5-10 所示，以获得不同应力状态下椭圆孔周围的塑性变形，不同初始应力状态下椭圆孔周边的塑性破坏分布如图 5-24 和图 5-25 所示，当倾角为 0° 侧压系数为 0.5 时，在冲击作用下椭圆孔边并不发生塑性破坏，因此这里没有将这种加载情况放到图中。

在不同初始应力状态下，瞬态冲击对椭圆周边造成的损伤如图 5-24 和图 5-25 所示。在初始应力条件下，椭圆孔周围的塑性变形范围变小。当 $\theta = 0°$，$\gamma = 0.5$ 时，在 100 MPa 的动态载荷下，洞室不发生破坏。

当侧压系数为 $\gamma = 1$ 和 1.5 时，从短轴两端开始发生塑性破坏，塑性破坏范围

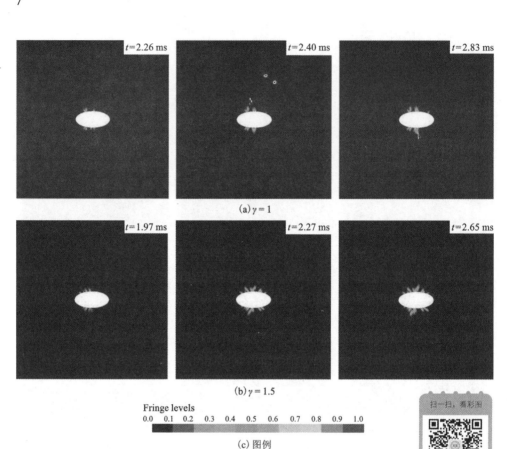

(a) $\gamma = 1$

(b) $\gamma = 1.5$

Fringe levels
0.0 0.1 0.2 0.3 0.4 0.5 0.6 0.7 0.8 0.9 1.0

(c) 图例

图 5-24　初始应力（$\theta = 0°$）下椭圆孔周围的塑性破坏特征

随侧压系数的增大而增大，但长轴两端未发生破坏。当 $\theta = 45°$ 时，随着侧压系数的增大，塑性破坏范围增大，所有损伤均发生在长轴附近，短轴两端未发生损伤。与图 5-22 所示无初始应力时的破坏形式相比，在有初始应力的情况下，孔边拉伸破坏减少，说明初始应力会限制围岩的拉伸破坏。同时，在初始应力条件下，椭圆洞室的破坏范围将受到限制，侧压力系数越大约束越大，但破坏严重程度会随侧压系数的增加而增加。

由于理论计算在求解初始应力环境下含孔洞弹性体应力波散射问题的局限性，利用 LS-DYNA 强大的显-隐式计算功能。模拟求解了椭圆孔在无初始应力和三维初始应力状态下的破坏模式，结果表明初始应力虽然能有效抑制椭圆孔边的破坏面积，但同时初始应力的存在会加剧椭圆孔边的破坏程度，有效抑制了孔边的层裂破坏。相比于圆孔，椭圆孔在面对瞬态冲击荷载时，由于入射角度的不同，迎爆面积不同导致了不同的入射角度产生不同的破坏模式，但总是在入射侧

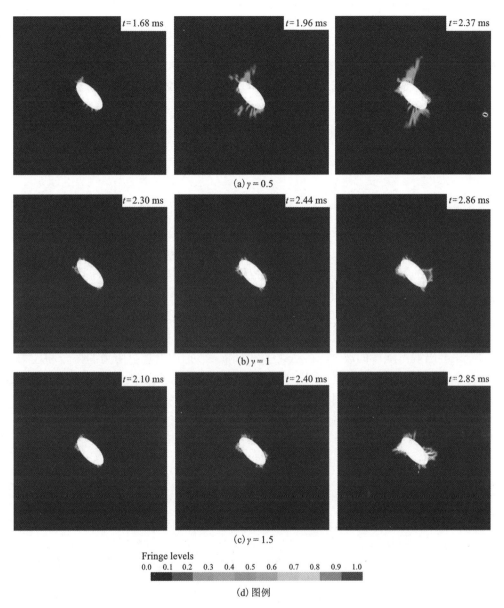

(a) γ = 0.5

(b) γ = 1

(c) γ = 1.5

Fringe levels
0.0　0.1　0.2　0.3　0.4　0.5　0.6　0.7　0.8　0.9　1.0

(d) 图例

图 5-25　初始应力作用下椭圆孔的动态塑性破坏特征(θ = 45°)

发生拉伸破坏, 当入射角为 90°时迎爆面积最大, 此时在入射侧发生层裂破坏。
数值模拟结果和第 4 章中理论计算结果吻合, 即入射侧的拉应力集中区域对应拉
伸破坏, 而与入射方向成垂直方向的区域产生压缩破坏。

为进一步研究岩石在动静组合荷载作用下的破坏特征,我们建立了三维有限元模型,采用 CSCM 材料模型评估了无初始应力状态和不同三维应力状态下椭圆孔周边的破坏情况,评估了不同的初始应力环境下椭圆孔周边的破坏,结果表明初始应力加剧了破坏程度,而对破坏面积有抑制作用,此外入射角度越大,由于迎爆面积变大,更容易出现层裂破坏,由于岩石材料特性,在地下结构布置时应避免使椭圆长轴方向垂直于动力荷载来压方向。

5.5　本章小结

本章通过实验和数值模拟得到了瞬态动力荷载作用下圆孔和椭圆孔周边的动力响应和塑性破坏,结果表明初始应力对圆孔动态响应的影响并不是简单的线性叠加,而是一个动态的应力平衡和重分布的过程,在这个过程中动态应力和初始应力所储存的弹力之间存在一个动态相互作用[20]。初始应力状态下,应力集中因子的分布与无初始应力时在空间分布上不同,有初始应力时,应力集中因子的分布受侧压系数的影响较大。而数值上也随着侧压系数的增大而发生改变,但总体上,初始应力的存在降低了孔边的动态应力集中值。有初始应力时,孔边的应力变化会出现不规律的波动,在动载应力下降段,孔边出现主应力的偏转和应力释放,导致急剧的应力变化。对于椭圆孔,初始应力加剧了破坏程度,而对破坏面积有抑制作用,此外入射角度越大,由于迎爆面积变大,容易出现层裂破坏,由于岩石材料特性,在地下结构布置时应避免使椭圆长轴方向垂直于动力荷载来压方向。

参考文献

[1] Biot M A. The influence of initial stress on elastic waves[J]. Journal of Applied Physics, 1940, 11(8): 522-530.

[2] 范新, 王明洋, 施存程. 初始应力对应力波传播及块体运动规律影响研究[J]. 岩石力学与工程学报, 2009, 28(0z2): 3442-3446.

[3] 葛洪魁, 陈颙, 韩德华. 有效应力对岩石弹性波速的影响[J]. 地球物理学报, 2001, 044 (0z1): 152-160.

[4] Tao Ming, Ma Ao, Cao Wenzhuo, et al. Dynamic response of pre-stressed rock with a circular cavity subject to transient loading[J]. International Journal of Rock Mechanics and Mining Sciences, 2017, 99: 1-8.

[5] McCormick N, Lord J. Digital image correlation[J]. Materials today, 2010, 13(12): 52-54.

[6] Sutton M A, Orteu J J, Schreier H. Image correlation for shape, motion and deformation

measurements: basic concepts, theory and applications[M]. New York: Springer Science & Business Media, 2009.

[6] Schreier H, Orteu J J, Sutton M A. Image correlation for shape, motion and deformation measurements[M]. New York: Springer US, 2009.

[7] Daryadel S S, Mantena P R, Kim K, et al. Dynamic response of glass under low-velocity impact and high strain-rate SHPB compression loading[J]. Journal of Non-Crystalline Solids, 2016, 432: 432-439.

[8] Gu Helong, Tao Ming, Li Xibing, et al. The effects of water content and external incident energy on coal dynamic behaviour[J]. International Journal of Rock Mechanics and Mining Sciences, 2019, 123: 104088.

[9] Gu Helong, Tao Ming, Li Xibing, et al. Dynamic response and failure mechanism of fractured coal under different soaking times[J]. Theoretical and Applied Fracture Mechanics, 2018, 98: 112-122.

[10] Zhao Huatao, Tao Ming, Li Xibing, et al. Estimation of spalling strength of sandstone under different pre-confining pressure by experiment and numerical simulation[J]. International Journal of Impact Engineering, 2019, 133: 103359.

[11] Li Xibing, Zhou Zilong, Lok T S, et al. Innovative testing technique of rock subjected to coupled static and dynamic loads[J]. International Journal of Rock Mechanics and Mining Sciences, 2008, 45(5): 739-748.

[12] Zhu Quanqi, Li Diyuan, Han Zhenyu, et al. Mechanical properties and fracture evolution of sandstone specimens containing different inclusions under uniaxial compression[J]. International Journal of Rock Mechanics and Mining Sciences, 2019, 115: 33-47.

[13] Martin C D. Seventeenth Canadian geotechnical colloquium: the effect of cohesion loss and stress path on brittle rock strength[J]. Canadian Geotechnical Journal, 1997, 34(5): 698-725.

[14] Tao Ming, Li Xibing, Wu Chengqing. Characteristics of the unloading process of rocks under high initial stress[J]. Computers and Geotechnics, 2012, 45: 83-92.

[15] Tao Ming, Zhao Huatao, Li Xibing, et al. Failure characteristics and stressdistribution of pre-stressed rock specimen with circular cavity subjected to dynamic loading[J]. Tunnelling and Underground Space Technology, 2018, 81: 1-15.

[16] Tao Ming, Zhao Huatao, Li Zhanwen, et al. Analytical and numerical study of a circular cavity subjected to plane and cylindrical P-wave scattering[J]. Tunnelling and Underground Space Technology, 2020, 95: 103143.

[17] LSTC, 2007. LS-DYNA Keyword User's Manual, Volumes II. Livermore Software Technology Corporation (LSTC), Livermore, California, USA 2007.

[18] 郑少华. 深埋高地应力软岩公路隧道衬砌支护时机研究[J]. 交通科技, 2020(05): 101-104+115.

[19] Carter B J. Size and stress gradient effects on fracture around cavities[J]. Rock Mechanics and

Rock Engineering, 1992, 25(3): 167-186.

[20] Zhao Rui, Tao Ming, Zhao Huatao, et al. Dynamics fracture characteristics of cylindrically-bored granodiorite rocks under different hole size and initial stress state[J]. Theoretical and Applied Fracture Mechanics, 2020, 109: 102702.

第 6 章 开挖破碎区对巷道动力响应的影响

第 5 章中研究了初始应力对洞室周边的动力响应的影响，但没有考虑洞室开挖过程中的塑性区。在高应力环境下，地下开挖在围岩中常常会形成开挖破碎区，对巷道支护及后期使用造成了严重威胁。通常情况下，地下巷道失稳破坏主要受两方面因素的影响，一方面是地下开挖会改变原岩应力分布，在开挖巷道周边切向应力逐渐增加，环向应力逐渐减小，引起明显的应力集中，并且应力集中会随巷道的埋深而逐渐增加；另一方面临近巷道开挖区附近的掘进、爆破作业和远场地震等动力扰动也会对开挖巷道造成动态损伤和破坏。因此，进一步考虑地下动态应力作用下含开挖破碎区巷道的动态应力响应对揭示地下巷道失稳破坏和支护设计都有非常重要的工程价值。本章从工程实际出发，首先利用 Hoek Brown 准则计算得到了不同埋深巷道开挖后围岩中开挖破碎区的分布范围，然后通过数值模拟方法再现了爆破应力波在含有开挖破碎区的地下巷道附近的传播和散射特征，并进一步得到了巷道周边的质点速度、位移和动态应力等的分布规律和变化特征。

6.1 不同深度下圆形巷道的开挖破碎区计算

把开挖破碎区看作是塑性区，未出现开挖破碎的围岩看成是弹性区，如图 6-1(a)所示。R_0 是开挖巷道半径，R_p 是开挖塑性区的半径，r 是极坐标半径，σ_h 和 σ_v 分别表示地应力的水平和垂直分量，σ_r 和 σ_θ 表示圆形巷道周边径向和切向应力。

基于 Hoek Brown 准则，塑性区的切向应力可以通过极坐标表示为[1, 2]

$$\sigma_\theta = \sigma_r + \sigma_c \left(m \frac{\sigma_r}{\sigma_c} + s \right)^{0.5} \tag{6.1.1}$$

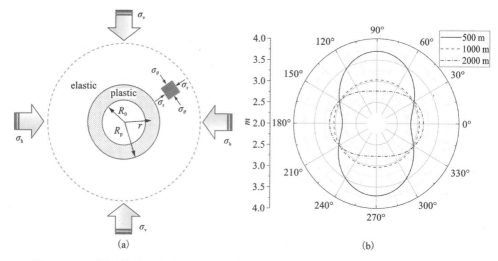

图 6-1　(a)圆形巷道周边弹塑性区分布示意图；(b)500 m, 1000 m 和 2000 m 深度中
圆形巷道周边塑性区的分布范围

$$m = m_i \exp\left(\frac{GSI - 100}{24 - 14D}\right) \tag{6.1.2}$$

$$s = \exp\left(\frac{GSI - 100}{9 - 3D}\right) \tag{6.1.3}$$

其中 m_i 表示岩石的强度参数，s 表示岩石质量系数，可以通过地质强度指标
计算得到。根据弹性理论，弹性介质中的平衡方程可以表示为

$$\frac{\mathrm{d}\sigma_r}{\mathrm{d}r} + \frac{\sigma_r - \sigma_\theta}{r} = 0 \tag{6.1.4}$$

联立方程(6.1.1)和(6.1.4)，塑性区中径向和环向应力表示为

$$\sigma_r = \sigma_c \sqrt{s} \ln\left(\frac{r}{R_0}\right) + \frac{1}{4}\sigma_c m \left[\ln\left(\frac{r}{R_0}\right)\right]^2 \tag{6.1.5}$$

$$\sigma_\theta = \sigma_c \sqrt{s} \left[\ln\left(\frac{r}{R_0}\right) + 1\right] + \frac{1}{4}\sigma_c m \ln\left(\frac{r}{R_0}\right)\left[\ln\left(\frac{r}{R_0}\right) + 2\right] \tag{6.1.6}$$

而在弹性区，径向和环向应力可以表示为如下形式[3]

$$\sigma_r = A\left(1 - \frac{R_p^2}{r^2}\right) + B\left(1 - 4\frac{R_p^2}{r^2} + 3\frac{R_p^4}{r^4}\right)\cos 2\theta + \sigma_R \frac{R_p^2}{r^2} \tag{6.1.7}$$

$$\sigma_\theta = A\left(1 + \frac{R_p^2}{r^2}\right) - B\left(1 + 4\frac{R_p^4}{r^4}\right)\cos 2\theta - \sigma_R \frac{R_p^2}{r^2} \tag{6.1.8}$$

其中，$A = (\sigma_h + \sigma_v)/2$，$B = (\sigma_h - \sigma_v)/2$；$\sigma_R$ 表示弹塑性界面($r = R_p$)上的径向

应力。然后，根据弹塑性界面上的连续性条件，圆形巷道周边塑性区半径可以表示为：

$$R_{\rm p} = R_0 \exp\left[\frac{2}{m}\left(\sqrt{\frac{Cm}{\sigma_c} + \frac{1}{8}m^2 - \frac{1}{8}mD + s} - \sqrt{s}\right)\right] \qquad (6.1.9)$$

其中 $C = A - 2B\cos2\theta$，$D = \sqrt{m^2 + 16s + 16mC/\sigma_c}$。

为了获得深度为 500 m，1000 m 和 2000 m 时圆形巷道周边开挖破碎区的分布特征，表 6-1 给出了对应深度环境中的岩体参数，通过这些参数得到的圆形巷道周边开挖破碎区的分布特征如图 6-1(b) 所示。从中可以发现，由于地应力的变化，开挖破碎区的分布形状和范围都随巷道的埋深变化而变化。在浅部，巷道顶底部的开挖破碎区要大于其两帮，随着埋深的增加，巷道两帮塑性区的厚度逐渐增加并大于巷道顶底部的开挖破碎区。当巷道的埋深为 1000 m 时，巷道周边的开挖破碎区基本相同，此时可以看成是静水压力环境中开挖破碎区的分布特征。

表 6-1　不同深度的岩体参数和地应力分布[1]

L/m	$p_{\rm h}$/MPa	$p_{\rm v}$/MPa	σ_c	m_i	GSI	D	$R_{\rm p}$/m	
							$R_{\rm p1}$	$R_{\rm p2}$
500	25.62	13.23	80	15	55	0.5	3.70	2.82
1000	26.46	26.46	105	17	57	0.5	3.00	3.00
2000	37.04	52.92	130	19	62	0.5	2.77	3.13

6.2　数值模拟方法和可行性验证

为了进一步得到开挖破碎区对巷道动力响应的影响，对不同埋深巷道在爆破应力波作用下的动态响应展开了数值模拟[4]。图 6-2 是本章方法得到的圆形巷道周边位移和应力分布特征，该分布与 Liao 等人理论基本一致[5]，说明该方法能够有效模拟应力波在圆形巷道周边的散射特征和巷道在动力扰动下的动力响应。

采用了尺寸为 200 m×200 m 的 2D 模型，在模型 [$x = 50$ m，$y = 150$ m] 处设置一个半径为 2.0 m 的圆形孔以表征圆形巷道，如图 6-3 所示。模型四周通过设置完美匹配层边界来模拟地下无限介质中的应力波传播。模型采用了自适应网格划分，在圆形巷道周边采用了加密网格增加计算精度。最大网格尺寸为 2.94 m，当

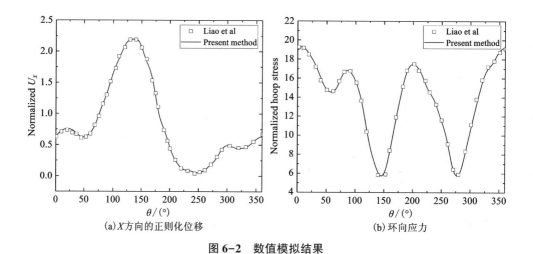

(a)X方向的正则化位移   (b) 环向应力

图 6-2 数值模拟结果

震源函数周期为 200 Hz 时，每个 P 波和 S 波波长分别至少有 88 和 49 个节点，能够有效避免应力波传播过程中出现频散。数值模拟计算过程中，时间步和最大 CFL 分别为 5.0E-06s 和 0.27，满足 CFL 稳定条件[6,7]。为了模拟不同深度环境中巷道开挖破碎区，在巷道周围设置了应力波低速区，该区域的分布形状与不同深度环境中塑性区分布保持一致，并且假设不同深度环境中开挖破碎区的应力传播速度一致。其中，弹性区和开挖破碎区的介质参数见表 6-2。

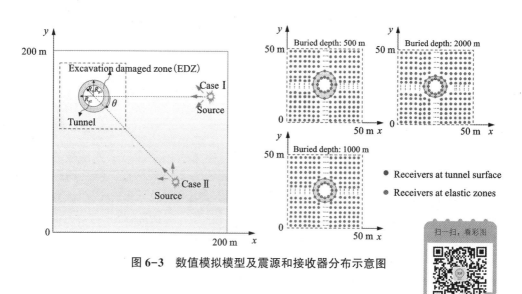

图 6-3 数值模拟模型及震源和接收器分布示意图

表 6-2　圆形巷道周边弹塑区介质参数[8]

	$\rho/(\mathrm{kg \cdot m^{-3}})$	$V_P/(\mathrm{m \cdot s^{-1}})$	$V_S/(\mathrm{m \cdot s^{-1}})$
Elastic zone	2700	5200	2921
Plastic zone	2365	2800	1573

V_P, V_S—P 和 S 波波速

　　在工程爆破中, 由于岩石破坏和装药结构的影响, S 波广泛存在于现实工程中并对地下、地面结构造成不同程度的影响, 而大多数二维爆破震源模拟都没有考虑 S 波的影响, 这与现实情况不符[9-11]。为此, 本节采用了幅值为 $A_0 = 1.4E+06$ MPa 的点弹性应力源, 该震源能生成 P 波和 S 波, 能够真实地表征爆破应力波, 震源函数选用了雷克子波。

　　在实际工程中, 有许多不确定因素都会影响地下巷道周边的动力响应, 例如巷道和震源的相对位置, 岩石中的初始应力和围岩的力学性质等[12,13]。在本节中, 着重考虑了开挖破碎区、应力波入射方向和入射应力波波长对巷道周边动力响应的影响。在这些影响因素中, 开挖破碎区的分布随巷道埋深的变化而变化, 进而可以间接地对埋深为 500 m、1000 m 和 2000 m 的巷道进行模拟, 得到不同形状开挖破碎区的地下巷道的动力响应。应力波入射角主要考虑应力波加载方向与巷道周围开挖破碎区形状之间的关系, 可通过以下两种情况进行分析: 情况 Ⅰ, 震源位于 [$x=190$ m, $y=150$ m], 应力波从水平方向作用于巷道周边; 情况 Ⅱ, 震源位于 [$x=149$ m, $y=51$ m], 应力波倾斜作用于巷道周边, 如图 6-3 所示。为了得到巷道周边的动力响应, 在巷道周边 50 m ×50 m 的范围内均匀设置了 2608 个接收器, 其中紫色点表示布置在巷道表面上的接收器, 每两个接收器布置的间隔角度为 π/6; 绿色的点表示布置在弹性区域内的接收器, 布置间距为 1.0 m。

6.3　结果与分析

6.3.1　应力波水平和倾斜作用下巷道周边的动力响应

　　图 6-4 和图 6-5 显示了圆形空腔周围受到水平入射应力波作用下的动态响应, 震源频率为 150 Hz。图 6-4 显示了 P 波和 S 波在埋深为 500 m、1000 m 和 2000 m 的圆形空腔周围的散射过程, 其中 T 是波场的记录时间。从图中可以发现, P 波和 S 波在空腔中连续传播时, 空腔周围产生的散射波场, 无开挖破碎区时巷道周围的散射波场稍小于有开挖破碎区时的散射波场。这意味着巷道和开挖

破碎区成为入射应力波的散射体，并且巷道周围的开挖破碎区会增强应力波的散射。通过比较 P 波和 S 波引起的波场分布可以发现 S 波引起的波场比 P 波引起的波场大，说明 S 波散射在空腔周围的波场中占主导地位。另外，S 波在空腔右上和右下引起的散射波场变化比其他方向快，这在 P 波引起的散射波场中是无法观察到的。这是因为 S 波斜入射到弹塑性界面和空腔表面时，可以被反射为 P 波和 S 波，反射的 P 波由于传播速度比反射的 S 波大而逐渐从散射波场中分离出来。

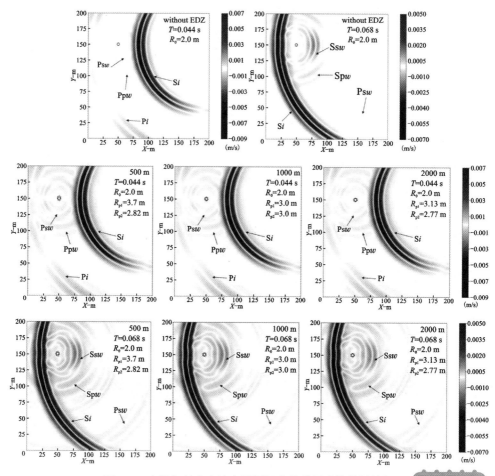

图 6-4　水平入射应力波在不同深度巷道周边的散射特征

Pi—入射 P 波；Si—入射波；Psw—P 波散射的 S 波；

Ppw—P 波散射的 P 波；Ssw—S 波散射的 S 波；Spw—S 波散射的 P 波

扫一扫，看彩图

图 6-5(a) 给出了埋在 500 m、1000 m 和 2000 m 处的巷道周围颗粒的最大速度，即动态扰动时围岩中 PPV 的分布。为了说明开挖破碎区对 PPV 的影响，给出了无开挖破碎区时巷道周围 PPV 的分布。结果表明，有开挖破碎区时，PPV 在巷道周围的分布大于无开挖破碎区时，而圆形巷道周围的高 PPV(≥1.25 cm/s) 随埋深的变化而有显著差异。在浅部(500 m 处)，高 PPV 主要分布在巷道的顶部、底部、右侧，巷道右侧的高 PPV 的分布范围也大于左侧。当深度增加到 1000 m 时，巷道顶、底、右侧的 PPV 值和分布范围均减小，与巷道周围 EDZ 的变化一致。当巷道埋深增加到 2000 m 时，PPV 分布基本上没有明显变化，尤其是纵向上的变化。结果表明，高 PPV 的分布范围随开挖破碎区的增大而增大，而在巷道右侧则略有增加。

根据图 6-4 中的散射波场可知，如果忽略振幅的变化，500 m、1000 m 和 2000 m 处巷道周围速度-时间曲线的变化基本相似。在 1000 m 处，巷道右侧($\theta = 0°$)，顶部($\theta = 90°$)，左侧($\theta = 180°$) 和底部($\theta = 270°$)附近的质点速度-时间曲线如图 6-5(b) 所示。其中，应力波从巷道的右侧($\theta = 0°$)入射。从图中可以知道，图 6-5(b) 中的第一个波形是 P 波，第二个波形是 S 波。在 X 方向上，当 P 波通过巷道时，巷道顶底部和两帮均出现了明显的质点振动；当 S 波通过巷道时，只在巷道的顶部和左侧出现了明显的质点振动。说明在 X 方向上，巷道顶部和底部的质点运动是 P 波和 S 波共同散射的结果，而两帮附近的质点运动主要是 P 波散射引起的。在 Y 方向，S 波引起了明显的质点运动，而 P 波散射引起的质点运动几乎可以忽略，说明 Y 方向质点运动主要由 S 波散射引起。图 6-5(c) 给出了不同埋深下巷道周围的最大质点运动，表明空洞周围的质点运动沿应力波入射方向对称分布。巷道右侧的质点运动大于左侧，这与图 6-5(a) 的结果基本一致，说明质点在应力波入射侧的运动大于透射侧。靠近巷道的顶部和底部($\theta = 0° \sim 120°$ 以及 $\theta = 240° \sim 360°$)，质点运动随着埋深的增加而逐渐减小，而在巷道左侧附近($\theta = 150° \sim 210°$)，质点运动随着埋深的增加而轻微增大。

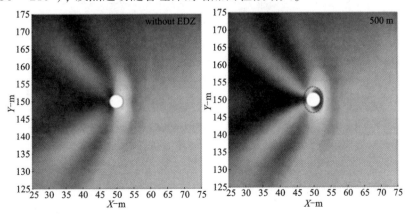

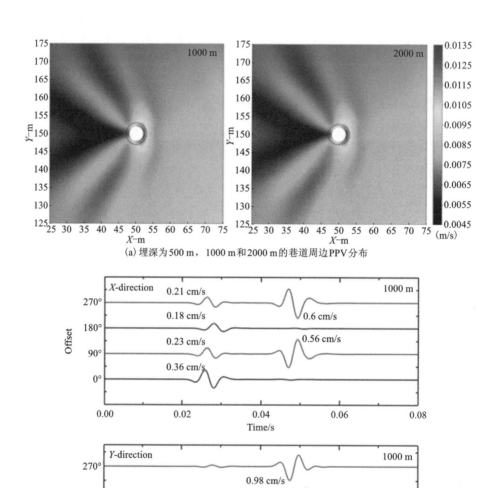

(a) 埋深为500 m，1000 m和2000 m的巷道周边PPV分布

(b) 埋深1000 m巷道周边质点速度时间曲线

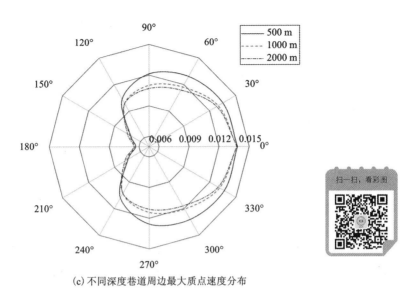

(c)不同深度巷道周边最大质点速度分布

图 6-5 水平应力波作用下圆形巷道周边质点速度分布

为了更好了解波散射过程中振动信号在频域的变化,对速度-时间信号进行傅立叶变换,得到颗粒振动的主频(PVF)。图 6-6 给出了埋深为 500 m、1000 m 和 2000 m 的巷道周围获得的 PVF,其中 f_s 是震源频率,f_{tp}-X 和 f_{tp}-Y 分别是 X 和 Y 方向巷道周围的 PVF。在巷道周围,包括 X 和 Y 方向,不同埋深巷道周围的 PVF 均大于这震源频率,这表明应力波在巷道附近的散射会导致围岩中大部分质点的 PVF 增加。另外,在不同埋深巷道附近的 PVF 也有很大的差异。在 500 m 处,沿 X 和 Y 方向的 PVF 从巷道右侧到右上侧(θ=0~60°)具有相同的变化趋势。在巷道左侧附近(θ=60°~240°),PVF 在 X 和 Y 方向上均出现了明显的振荡,整体上随角度的增大先减小后增大。高 PVF 主要分布在巷道顶部和右下侧(θ=90°、θ=240°),低 PVF 分布在巷道左侧(θ=150°~200°)。在巷道右下侧(θ=270°~330°)的 PVF 随角度的增加而保持不变,X 方向的 PVF 大于 Y 方向。当巷道位于 1000 m 处时,由于巷道纵向的开挖破碎区明显减小,巷道顶部(θ=90°~120°)和底部(θ=240°~300°)附近的 PVF(包括 X 和 Y 方向的 PVF)较 500 m 处显著减小。当巷道埋深增加到 2000 m 时,巷道周围的 PVF 与 1000 m 处的 PVF 基本一致,但巷道右侧的 PVF 在 X 方向上有明显的增加,这一现象归因于巷道水平方向的开挖破碎区增加。因此,可以得出的结论是较大开挖破碎区可以在巷道周围引起较高的 PVF。

图 6-7(a)给出了在不同埋深下巷道周围的质点位移,包括 X 和 Y 方向的位移。可以看出,在不同深度下,X 方向上的质点位移分布基本相似。巷道右侧的

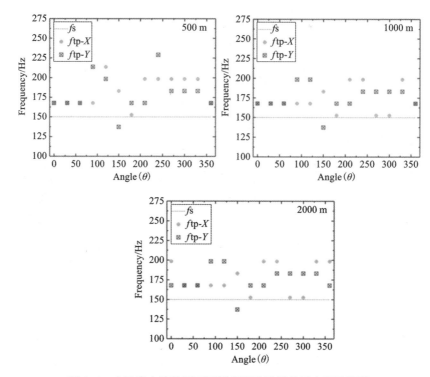

图6-6 水平应力波作用下不同埋深巷道周边质点振动频率

质点位移大于左侧的质点位移。随着巷道深度的增加，质点位移略有增加，最大位移出现在靠近巷道应力波透射侧，主要出现在巷道的左上和左下侧。在 Y 方向上，较大的质点位移主要分布在应力波入射侧，即巷道的右侧、右上、右下侧，最大位移出现在 $\theta=0°$ 附近。特别是，随着巷道深度的增加，应力波入射侧的质点位移逐渐减小，而开挖破碎区也会在这些区域引起较大的垂直位移。巷道周围的动态应力集中因子(DSCF)如图 6-7(b)所示。其中，动态应力集中因子定义为巷道周围点的动应力与未开挖时同一点的动应力之比，拉应力集中是指 DSCF 小于 1.0，而压应力集中是指 DSCF 大于 1.0。从图 6-7(b)可以看出，不同埋深巷道周围的 DSCF 均小于 1.0，表明巷道附近仅出现拉应力集中区。最大拉伸应力分布在巷道的右侧，即动态扰动的入射方向；而最小拉伸应力分布在巷道的纵向并靠近左侧。此外，随着埋深的增加，巷道纵向附近、左上侧和左下侧的 DSCF 逐渐减小，表明这些区域的拉应力集中随着开挖破碎区的增加而增加。

基于图 6-4 中可知，不同埋深巷道周围的波场差异较小，这里忽略了应力波倾斜入射下巷道周边的应力波散射波场。图 6-8 给出了应力波倾斜入射下不同

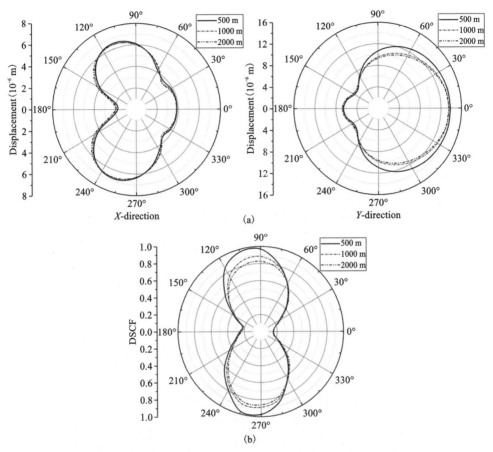

图 6-7　水平应力波作用下(a)质点位移分布(b)动态应力集中因子分布

埋深巷道周围的动态响应,其中动态源频率为 150 Hz。图 6-8(a)给出了埋深为 500 m、1000 m、2000 m 处巷道周围的 PPV,从图中可以发现,高 PPV(≥ 1.25 cm/s)主要分布在巷道底部和右侧,且随埋深的变化,其分布出现了明显的变化。500 m 时,巷道底部的 PPV,包括数值和分布范围均大于右侧。然而,巷道右侧 PPV 在埋深 2000 m 时略大于底部。当巷道埋深为 1000 m 时,其底部和右侧的 PPV 基本相同,这主要是因为在 1000 m 时巷道周边的开挖破碎区厚度基本一致。图 6-8(b)给出了 1000 m 时巷道周围的速度-时间曲线,包括 $\theta = 0°$, $\theta = 90°$, $\theta = 180°$, $\theta = 270°$。从图中可以发现,S 波在 X、Y 方向引起的质点速度均大于 P 波引起的质点速度,表明在巷道周围的质点运动主要是由 S 波散射引起的。在 P 波散射作用下, X、Y 方向的质点运动基本相似,而 S 波散射引起的质点运动随巷道周围观察点的变化而变化。当 $\theta = 0°$ 和 $\theta = 90°$ 时，S 波在 X 方向上的最大质点速度高于 Y 方向，这与 $\theta = 180°$ 和 $\theta = 270°$ 相反。这意味着，在巷道右上方的质点主要沿水平方向运动，而在右侧和底部附近的质点则以垂直运动为主。此外，巷道周围最大质点运动如图 6-8(c) 所示。从图中可以发现，最大粒子运动出现在 $\theta = 300°$ 附近，最小质点运动出现在应力波投射侧的巷道周边 ($\theta = 120°$ ~ 150°)。随着埋深的增加，在巷道右上侧和底部 ($\theta = 0°$ ~ 90° 和 $\theta = 210°$ ~ 330°) 附近的质点运动逐渐减小。

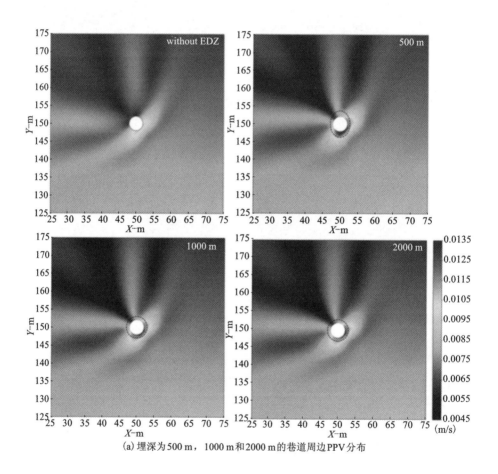

(a) 埋深为 500 m，1000 m 和 2000 m 的巷道周边 PPV 分布

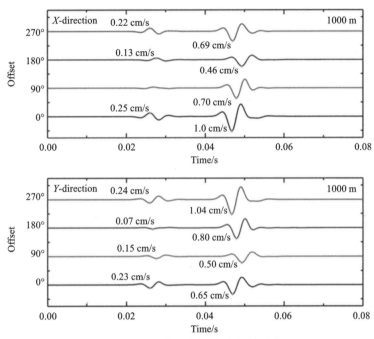

（b）埋深1000 m巷道周边质点速度时间曲线

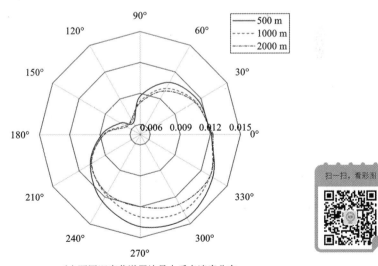

（c）不同深度巷道周边最大质点速度分布

图 6-8　斜入射应力波作用下圆形巷道周边质点速度分布

图 6-9 展示了应力波倾斜入射下，500 m、1000 m 和 2000 m 处巷道周围的 PVF 分布。从图中可以发现，不同埋深巷道周围的 PVF 分布基本相似，X 方向主要分布在 165 Hz 附近，Y 方向主要分布在 185 Hz 附近。特别地，在巷道右上和右下侧附近（$\theta=60°$、$\theta=90°$ 和 $\theta=240°$），PVF 在 X 方向上显著振荡，即从 125 Hz 突然增加到 165 Hz。在 Y 方向上，巷道右上方（$\theta=60°$）的 PVF 显著减小，小于震源频率，而在左上方（$\theta=180°$）的 PVF 略有增加。随着巷道深度的增加，部分 PVF 发生了明显的变化。例如，靠近巷道左侧和纵向方向的 PVF 在 Y 方向上显著减小，而在 X 方向上，巷道左下方的 PVF 明显增大。值得注意的是，巷道纵向方向上的 PVF 减小主要是由纵向方向的开挖破碎区减小而引起的，而巷道左下侧 PVF 的变化则是由水平方向上的开挖破碎区增大引起的。由此可知，巷道周围 PVF 会随开挖破碎区的增大而增大，这与水平应力扰动下的情况一致。

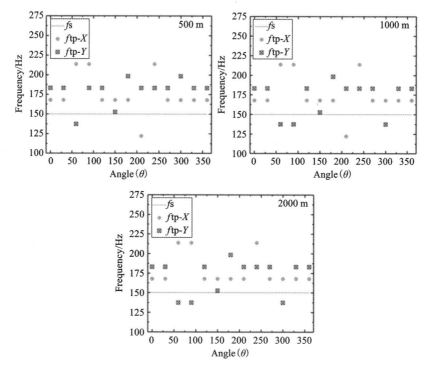

图 6-9 斜入射应力波作用下不同埋深巷道周边质点振动频率

应力波倾斜入射下巷道周围质点位移和应力分布如图 6-10 所示。从图 6-10 (a)可以看出，巷道周围质点的位移分布随其埋深变化而变化，在埋深为 1000 m 和 2000 m 时，巷道周围质点的位移几乎相同。在 X 方向上，500 m 处巷道周围的质点位移大部分小于 1000 m 和 2000 m 处的质点位移，如应力波的入射侧和透射侧。随着埋深的增加，巷道底部、右下和右上部分($\theta=30°\sim60°$)附近的质点位移逐渐增大，而右上部分($\theta=60°\sim90°$)附近的质点位移减小。在 Y 方向上，最大质点位移出现在 500 m 处，除了靠近巷道顶部和左侧的区域，它们具有相似的质点位移。因此，开挖破碎区越大，X 方向的质点位移越小，Y 方向的质点位移越大。较大的质点位移主要分布在巷道的应力波入射侧，尤其是底部附近，随着巷道埋深的增加，质点位移逐渐减小。从图 6-10(b)可以看出，巷道周边只有拉应力集中区，最大拉应力集中因子仍出现在应力波入射方向。在其他方向上，应力集中因子的分布与巷道埋深和观测位置有关。在巷道右上方($\theta=0°\sim60°$)附近，DSCF 随巷道深度的增加而增大，而在巷道的右上方和左下方逐渐减小。

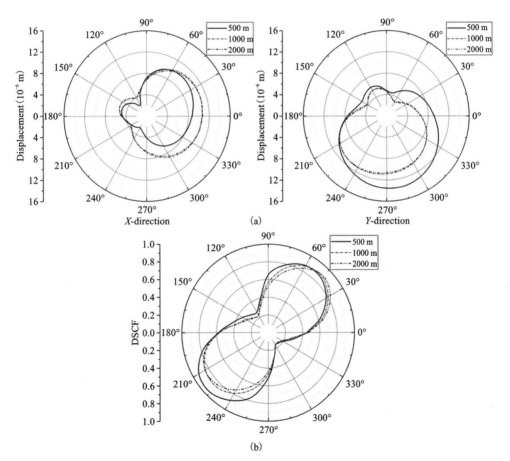

图 6-10　斜入射应力波作用下(a)质点位移分布(b)动态应力集中因子分布

6.3.2 不同震源频率应力波作用下巷道周边的动力响应

在本节中，我们将水平入射应力波的震源频率分别改为 100 Hz、150 Hz 和 200 Hz 来模拟不同频率应力波作用下巷道周边的动力响应及应力波波长与巷道周边开挖破碎区之间的关系，相应的结果如图 6-11 至图 6-15 所示。图 6-11 展示了在不同频率应力波作用下圆形巷道周围的散射波场，巷道埋深为 1000 m，随着应力波频率的增加，散射应力波场的分布和数值变得越来越复杂。特别是巷道应力波入射侧附近的反射波前曲率随频率的增加而逐渐增大，表明巷道对应力波散射的影响随频率的增加而增大。

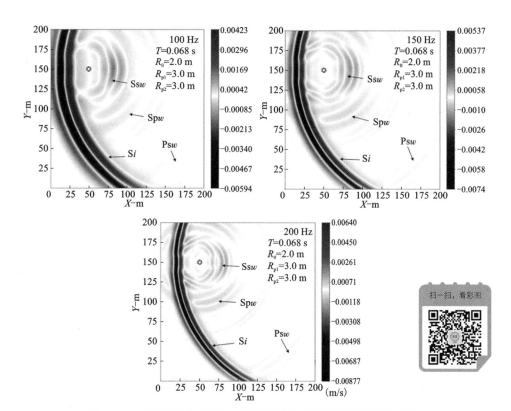

图6-11 不同频率应力波作用下圆形巷道周边速度波场分布特征

P*i*—入射 P 波；S*i*—入射 S 波；Ps*w*—P 波散射的 S 波；Ss*w*—S 波散射的 S 波

为了更好地比较不同频率应力波作用下巷道周围的动力响应，得到了应力波波长与埋深分别为 500 m、1000 m 和 2000 m 的巷道周围开挖破碎区之间关系。图 6-12 给出了巷道周边正则化 PPV 的分布结果，从图中可以发现不同埋深、不

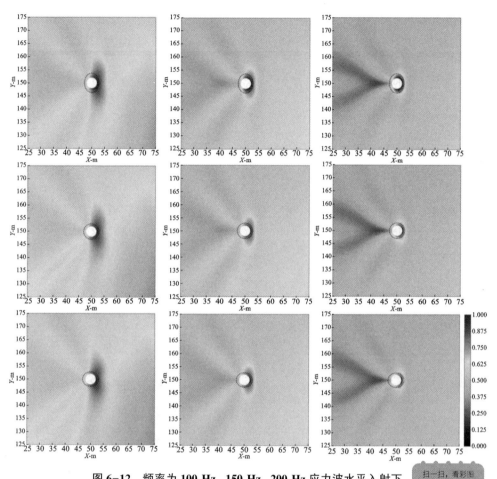

**图 6-12　频率为 100 Hz, 150 Hz, 200 Hz 应力波水平入射下
不同埋深巷道周边正则化 PPV 分布特征**

同应力波频率下，PPV 值有明显差异。当应力波频率为 100 Hz
时，高 PPV(≥0.875) 主要分布在巷道的应力波入射侧，如巷道的右侧、顶部和
底部，PPV 在埋深不同的巷道附近的分布基本相同。当频率为 150 Hz 时，归一化
PPV 在巷道周围的分布范围比 100 Hz 时明显减小。随着埋深的增加，巷道顶底
部附近的 PPV 也明显减小。当应力波频率增加到 200 Hz 时，巷道周边 PPV 的分
布范围继续减小，高 PPV 主要分布在巷道周围开挖破碎区内。此外，巷道开挖破
碎区内的 PPV 随巷道埋深的变化明显。在 500 m 处，除巷道应力波透射侧的小
部分区域外，大部分开挖破碎区内的 PPV 都较大，并且最大 PPV 出现在巷道顶
部和底部附近。随着埋深的增加，巷道纵向方向的 PPV 迅速减小，应力波入射侧

的 PPV 先减小（1000 m 处），然后增大（2000 m 处）。此外，图 6-13 给出了在 100 Hz、150 Hz 和 200 Hz 频率的应力波作用下，埋深为 1000 m 的巷道周围的质点运动，从图中可以发现巷道周围的质点运动随着应力波频率的增加而增加。

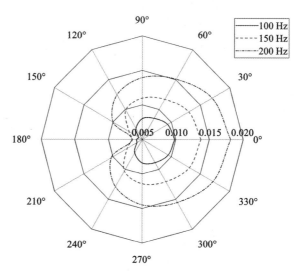

图 6-13   不同频率应力波作用下巷道周边最大质点速度分布

图 6-14 给出了不同频率应力波作用下，埋深在 1000 m 的巷道周围 PVF 分布。从这些图可以看出，在不同的源频率下，巷道周围的 PVF 表现出明显的差异。当应力波频率为 100 Hz 时，PVF 大部分在 100~125 Hz 范围内，Y 方向的 PVF 大于 X 方向，尤其是巷道的右下侧。随着应力波频率的增加，PVF 的分布变得越来越离散。当应力波频率为 150 Hz 和 200 Hz 时，PVF 在巷道周围的变化范围分别为 150~200 Hz 和 200~275 Hz。

图 6-15 显示了不同频率应力波作用下巷道周围的质点位移和应力分布。从图 6-15(a) 可以看出，X 和 Y 方向上的质点位移都明显受到了应力波频率的影响。在 X 方向上，最大质点位移分布在巷道的 120° 和 240° 附近，随着应力波频率的增加，质点位移逐渐增大并向巷道的左侧移动。最小质点位移出现在巷道的左侧，随着应力波频率的增加，位移逐渐减小，这与巷道右上和右下两处的质点位移的变化规律相似。在 Y 方向上，巷道周围的质点位移随着频率的增加而减小，但在频率大于 100 Hz 时，左上和左下两侧的位移几乎相同。图 6-15(b) 显示了不同频率应力波作用下巷道周围的 DSCF 分布。结果表明，不同频率应力波作用下较大的 DSCF 主要出现在巷道的纵向方向，其值均小于 1.0，并随着频率的增加而减小。与巷道的纵向相比，横向的 DSCF 迅速减小。在应力波入射侧的 DSCF

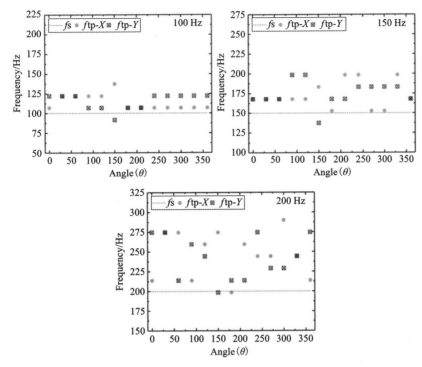

图 6-14　不同频率应力波作用下巷道周边质点振动频率分布

随着应力波频率的增加而减小，而透射侧（$\theta = 150° \sim 210°$）附近的 DSCF 逐渐增大，并且应力波透射侧的 DSCF 大于入射侧。因此，可以知道，较高频率的应力波会在巷道的大部分区域引起较大的拉应力集中，并且应力入射侧的拉应力集中大于透射侧。

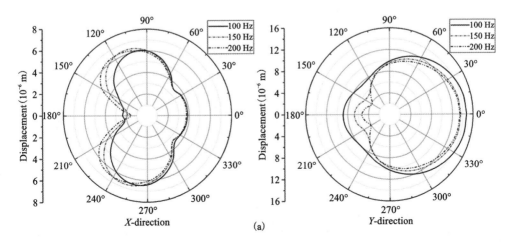

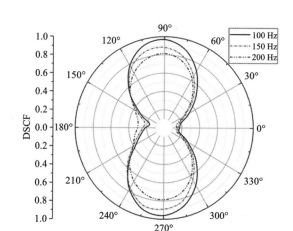

图 6-15 不同频率应力波作用下巷道周边(a)质点位移分布(b)动态应力集中因子变化特征

6.4 本章小结

　　本章主要研究了爆炸应力波在不同形状开挖破碎区巷道周围的传播和散射特征,得到了巷道周围的动态响应,如 PPV、PVF、DSCF 和质点位移[14]。地下巷道周围的动态响应与其周围的开挖破碎区分布、入射应力波的入射方向和应力波频率密切相关。为了对结果进行综合分析比较,加深对地下洞室周围动力响应及其影响因素的认识,表 6-3 总结了不同情况下圆形巷道在应力波作用下的力学表现。

表 6-3　应力波作用下圆形巷道周边的动力响应及其影响因素

动力响应	影响因素		
	开挖破碎区	应力波入射方向	应力波长
PPV	较大的 PPV 主要分布在巷道的开挖破碎区内;PPV 随开挖破碎的增大而增大	水平应力波作用下的 PPV 的分布范围要大于应力波斜入射时的分布范围;应力波倾斜入射引起的 PPV 要大于应力波水平入射时的 PPV	高 PPV 的分布在巷道周围的分布范围随波长的减小而减小;较短波长应力波在 500 m 巷道周围引起的 PPV 大于在 2000 m 周围引起的 PPV

续表6-3

动力响应	影响因素		
	开挖破碎区	应力波入射方向	应力波长
PVF	开挖破碎区引起较大的 PVF；PVF 随开挖破碎区的减小而减小	应力波倾斜入射时的 PVF 大于应力波水平作用下的 PVF	PVF 的变化范围随波长的减小而显著增大
DSCF	在有开挖破碎区的巷道周边只会出现拉应力集中；DSCF 随开挖破碎区的增大而减小	与水平入射应力波相比，斜入射应力波可在 2000 m 深的巷道周围产生较大的 DSCF，而在 500 m 处产生较小的 DSCF	在巷道周围的大多数位置，DSCF 随波长的增加而增加
质点位移	质点在 X 方向上的位移主要受应力波入射方向的影响；Y 方向的质点运动随开挖破碎的增大而增大	斜入射应力波在巷道周边引起的质点位移大于水平入射应力波引起的质点位移	随着波长的减小，X 方向的质点位移增大，Y 方向的质点位移减小

参考文献

[1] Hoek E, Brown E T. The Hoek-Brown failure criterion and GSI-2018 edition[J]. Journal of Rock Mechanics and Geotechnical Engineering, 2019, 11(3): 445-463.

[2] Lu Aizhong, Wang Shaojie, Zhang Xiaoli, et al. Solution of the elasto-plastic interface of circular tunnels in Hoek-Brown media subjected to non-hydrostatic stress[J]. International Journal of Rock Mechanics and Mining Sciences, 2018, 106: 124-132.

[3] Bradley W B. Failure of inclined boreholes[J]. Journal of Energy Resources Technology, 1979. 101(4): 232-239.

[4] Peter D, Komatitsch D, Luo Yang, et al. Forward and adjoint simulations of seismic wave propagation on fully unstructured hexahedral meshes[J]. Geophysical Journal International, 2011, 186(2): 721-739.

[5] Liao W I, Yeh C S, Teng T J. Scattering of elastic waves by a buried tunnel under obliquely incident waves using T matrix[J]. Journal of Mechanics, 2008, 24(4): 405-418.

[6] Komatitsch D, Tromp J. Spectral-element simulations of global seismic wave propagation—I. Validation[J]. Geophysical Journal International, 2002, 149(2): 390-412.

[7] Mercerat E D, Vilotte J P, Sánchez-Sesma F J. Triangular spectral element simulation of two-dimensional elastic wave propagation using unstructured triangular grids[J]. Geophysical Journal International, 2006, 166(2): 679-698.

[8] Tao Ming, Hong Zhixian, Peng Kang, et al. Evaluation of excavation-damaged zone around underground tunnels by theoretical calculation and field test methods[J]. Energies, 2019, 12 (9): 1682.

[9] Ainalis D, Kaufmann O, Tshibangu J P, et al. Modelling the source of blasting for the numerical simulation of blast-induced ground vibrations: a review [J]. Rock mechanics and rock engineering, 2017, 50(1): 171-193.

[10] Chen Shihai, Wu Jian, Zhang Zihua. Influence of millisecond time, charge length and detonation velocity on blasting vibration[J]. Journal of Central South University, 2015, 22 (12): 4787-4796.

[11] Huang Dan, Cui Shuo, Li Xiaoqing. Wavelet packet analysis of blasting vibration signal of mountain tunnel[J]. Soil Dynamics and Earthquake Engineering, 2019, 117: 72-80.

[12] Tao Ming, Zhao Huatao, Li Zhanwen, et al. Analytical and numerical study of a circular cavity subjected to plane and cylindrical P-wave scattering[J]. Tunnelling and Underground Space Technology, 2020, 95: 103143.

[13] Li Xibing, Li Chongjin, Cao Wenzhuo, et al. Dynamic stress concentration and energy evolution of deep-buried tunnels under blasting loads[J]. International Journal of Rock Mechanics and Mining Sciences, 2018, 104: 131-146.

[14] Zhao Huatao, Tao Ming, Li Xibing, et al. Influence of excavation damaged zoneon the dynamic response of circular cavity subjected to transient stress wave[J]. International Journal of Rock Mechanics and Mining Sciences, 2021, 142: 104708.

第 7 章　动态拉伸应力作用下含椭圆孔长杆破坏特征

前面几章主要针对压缩应力波入射作用下孔洞周边的动应力集中及破坏情况，而岩石是典型的脆性材料，其抗拉强度远小于抗压强度，工程中也将拉伸造成的破坏视为重点[1, 2]。动力扰动所形成的应力波传播过程难免会遇到自由面，而根据应力波的传播特性，在自由面处将会产生反射，含有缺陷的岩体在受到压缩应力波与拉伸应力波的作用时在孔洞周边岩体所产生的破坏将影响地下工程的施工进展与安全。因此，本章设计了主要考虑压缩应力波在自由面反射形成拉伸应力波的实验，利用霍普金森杆对缺陷长杆形试样进行动态冲击，观察不同轴比、不同倾角下的椭圆孔洞周边岩石的破坏现象。另外，使用 LS-DYNA 进行三维模拟，通过孔洞周边的动态应力集中分布对实验现象进行详细分析，并总结单一孔洞和双孔岩杆受动力扰动作用发生破坏的规律。

7.1　含椭圆孔长杆动态拉伸实验

7.1.1　试验设计与过程

试验选用花岗岩，制作成横截面为 35 mm×35 mm，长度约为 2000 mm 的长方体试样，试样中间位置预先使用水刀切割成不同轴比不同倾角的椭圆孔洞，孔洞长轴固定为 10 mm，设计短轴分别为 2 mm、4 mm、7 mm、10 mm，对应的轴比分别为 $m=5$、$m=2.5$、$m=1.43$、$m=1$，设计孔洞倾角 β 为长轴方向与入射波加载方向之间的夹角，各轴比下设置五种倾角的椭圆孔洞试样，取 $\beta=0°$、$\beta=30°$、$\beta=45°$、$\beta=60°$、$\beta=90°$。

试验设备采用 Hopkinson 杆装置试验系统[3-7]，试验过程使用恒定气压 0.5 MPa 进行冲击，并在一旁架设高速摄影仪同步记录预制孔洞周边岩石破坏全过程, 高速摄像仪拍摄分辨率大小设置为 128×128, 帧数选用 180000 fps, 即拍摄速度约为每张 5.56 μs。图 7-1 为 Hopkinson 杆装置试验加载系统及试样布置示意图。

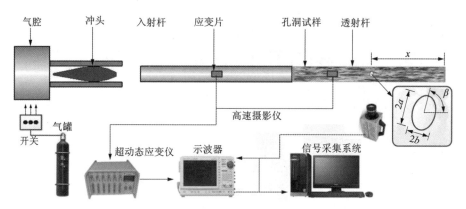

图 7-1　Hopkinson 杆装置试验加载系统及试样布置示意图

岩石试样如图 7-1 中所示, 由于孔洞的存在, 入射压缩应力波经过孔洞时会产生散射现象, 形成动态应力集中, 使得孔洞周边应力呈不均匀分布的特性。同时, 入射压缩应力波穿过孔洞继续往自由面方向传播时, 遇到自由面反射成拉伸应力波, 当拉伸应力波从右往左传播时, 遇到孔洞也会发生散射, 从而在孔洞周边形成由于拉伸波产生的动态应力集中。

7.1.2　试验结果及分析

高速摄影仪拍摄速度为每张 5.56 μs, 设定入射应力波从孔洞左侧刚到孔洞时为时间记录零点。图 7-2 为当 $\beta=90°$ 时不同轴比下孔洞周边岩石断裂随时间变化情况的对比。图中 $t=117$ μs 时刻表示入射压缩应力波已经传播半个波长进入孔洞, $t=239$ μs 时刻表示入射波完全通过孔洞, $t=489$ μs、545 μs 时刻表示反射拉伸波传播通过孔洞的情况, $t=823$ μs 时刻为反射应力波完全通过孔洞并经过一段时间之后, 孔洞出现明显的破坏情况。

从图 7-2 和图 7-3 中可以看出, 入射压缩应力波造成的微小颗粒弹出与反射拉伸应力波形成的裂纹萌生与扩展均在孔洞上下位置, 其他地方未出现类似明显现象。入射压缩应力波通过孔洞弹出的颗粒说明此时对缺陷孔洞造成了一定区域的初始损伤, 但这种损伤还不至于使缺陷试样发生破坏, 而拉伸应力波通过孔洞时形成不同程度的裂纹, 且在相同时间下, 高轴比孔洞周边裂纹产生的时间提前于低轴比。此过程中轴比的变化是按照固定长轴, 调整短轴的方式进行, 因此缺

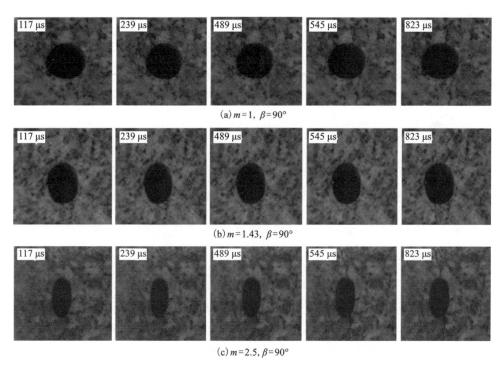

图 7-2　相同时间不同轴比下孔洞周边出现断裂情况 ($\beta = 90°$)

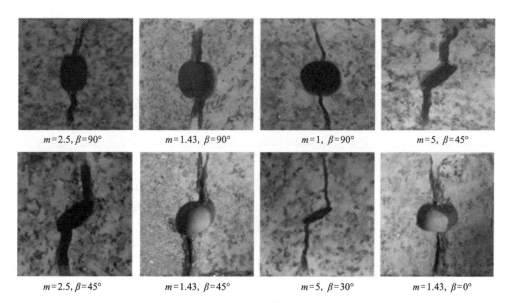

图 7-3　部分预制孔洞不同轴比、倾角下破坏形态

陷到达岩体两边自由面最短距离是一样的，从而可以排除缺陷到两边距离对强度的影响。也就是说，当相同反射拉伸波传至缺陷时，相同大小的净拉应力足以使高轴比的孔洞周边提前产生初始裂纹，而在受到净拉应力之前，孔洞均承受到相同的拉伸应力波。根据这一判断，可知在受到相同压缩与拉伸应力波时，高轴比的孔洞周边所产生的局部应力集中大于低轴比，从而使得高轴比下的孔洞周边所产生的动态损伤强于低轴比，才会发生如前所述高轴比孔洞周边产生的微小颗粒岩屑与低轴比相较更多和更大，并且裂纹形成时间提前于低轴比。

7.2　含椭圆缺陷长杆动态拉伸数值模拟

7.2.1　建模与材料验证

试验对于孔洞的破坏形态反映出破坏点与应力集中相关，但是破坏的形式不足以绝对肯定应力波通过缺陷孔洞时产生的应力集中分布对于岩样的断裂具有促进作用，或者该破坏位置与局部应力加强存在相关性，为了更为细致地说明应力损伤与局部应力集中密切相关，特针对 SHPB 试验装置系统利用 LS-DYNA 进行数值模拟分析[8-11]。

使用 LS-DYNA 建立 1：1 的三维模型，单元选用 3D-Solid164，模型以 Z 轴方向为中心轴。纺锤形冲头采用线分割方式按照扫掠体的形式划分网格，弹性杆处理方式与纺锤形冲头类似，缺陷试样需要对孔洞周边进行网格细化，剩下的岩石模型采用映射划分网格。冲头初始速度设定为 6 m/s，各实体之间的接触采用单面自动接触，边界设定为自由边界，部分模型及对应网格划分见图 7-4。

使用上述材料模型及岩石物理力学参数进行相关模拟计算[9,12]，所得模拟结果与试验结果进行对比分析，从而验证该材料模型选取的正确性。图 7-5 为孔洞周边模拟发生的塑性变形结果与试验孔洞破坏形态的对比，图 7-6 为试验岩样入射端波形与模拟应力-时间的对照。

结果表明，模拟所得孔洞周边的塑性变形与试验结果不论是破坏位置还是破坏形态皆吻合，并且两者应力-时间图均为半正弦波，符合要求，入射波形变化趋势、周期和幅值相接近。综合上述破坏模式与入射波形的对比，该材料模型适合运用于坚硬岩石的模拟分析。

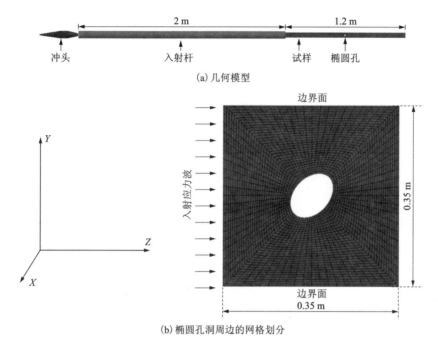

(a) 几何模型

(b) 椭圆孔洞周边的网格划分

图 7-4　部分模型及对应网格划分

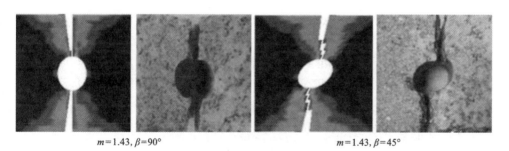

$m=1.43, \beta=90°$　　　　　　　$m=1.43, \beta=45°$

图 7-5　孔洞周边数值模拟塑性变形与试验断裂对比

(图中浅灰色部分为塑性变形，深灰色部分为弹性变形)

7.2.2　应力集中数值模型简化

当应力波通过孔洞时会产生散射，导致孔洞周边局部应力增高，形成动态应力集中[13, 14]，本章用 k_{DSCF} 为动应力集中系数。在计算孔洞周边动应力集中系数分布情况时，为了便于对实验现象的描述和结果进行分析，特将计算模型简化为平面应变问题，建立平面坐标及相应简化模型如图 7-6。

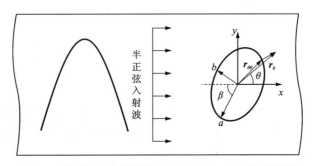

图 7-6 岩样端部入射波与预制孔洞相互作用简化模型

这里引入矢量参数 r_θ、$r_{\theta\theta}$ 和 r，$|r_\theta|$ 定义为孔洞中心到围岩任意一点之间的距离，$|r_{\theta\theta}|$ 定义为孔洞中心到孔洞边界之间的距离，$|r|$ 定义为围岩任意一点到孔洞边界的垂直距离[2]。三者之间的关系如下式：

$$r_\theta = r_{\theta\theta} + r \tag{7.2.1}$$

7.3 数值模拟结果与分析

利用验证过的材料模型及其参数建立模型计算，模拟不同轴比（$m = 5$、$m = 2.5$、$m = 1.43$、$m = 1$）、不同倾角（$\beta = 0°$、$\beta = 30°$、$\beta = 45°$、$\beta = 60°$、$\beta = 90°$）下椭圆孔洞周边的破坏情况。各轴比下均有 5 组不同倾角下的模拟，其中 $m = 1$ 时为圆孔，此时各倾角下的孔洞均一致。综合以上描述，模拟 16 组不同轴比、不同倾角下椭圆孔洞受应力波作用后产生的破坏机理分析。

7.3.1 孔洞周边应力演化与破坏特征

建立倾角不变，轴比变化的数值模型，采用半正弦波加载。图 7-7 为 $\beta = 90°$ 时，各轴比下孔洞周边的塑性区云图随时间变化的关系。

根据图 7-7 同一倾角（$\beta = 90°$）下各轴比孔洞塑性变化分布演化，随着轴比的增大，一个明显的现象为孔洞发生破坏的时间提前，其中轴比越大，压缩应力波通过过程产生的最大有效应变越大，特别在 $m = 5$ 时，椭圆孔洞上下位置处出现应变区域相比其他轴比下的数值都大。这些现象说明轴比越大的孔洞，其所需断裂应力临界值逐渐降低，也表现出高轴比下压缩应力的前期损伤会越大。

针对轴比不变，倾角的改变会导致不同的岩石破坏行为，从而建立数值模型进行计算分析。图 7-8 为轴比 $m = 2.5$，倾角 $\beta = 0°$、$\beta = 30°$、$\beta = 45°$、$\beta = 60°$、$\beta = 90°$

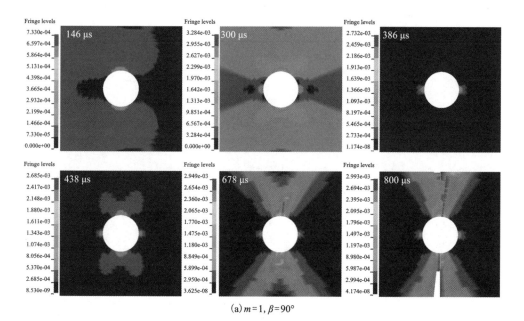

(a) $m=1$, $\beta=90°$

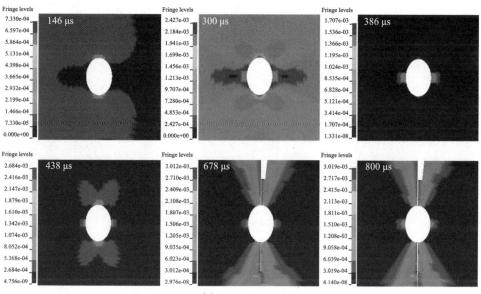

(b) $m=1.43$, $\beta=90°$

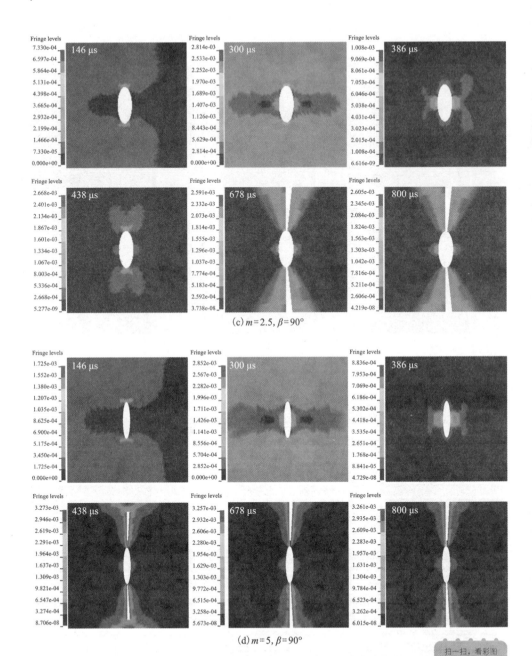

图 7-7　相同倾角不同轴比孔洞塑性变化分布演化图

情况下孔洞周边的塑性区云图随时间变化的关系。

图 7-8 表明同一轴比下随着倾角的增长，破坏时间同样明显

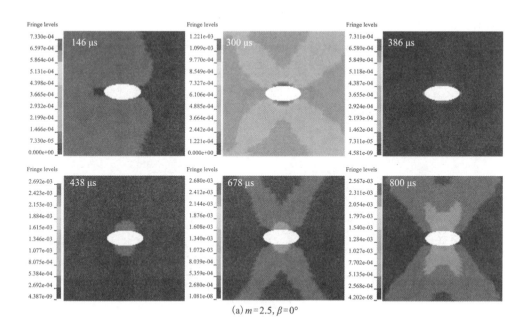

(a) $m=2.5$, $\beta=0°$

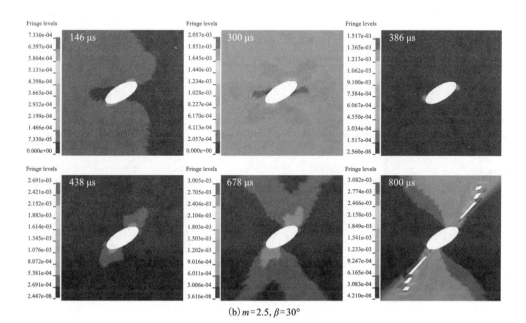

(b) $m=2.5$, $\beta=30°$

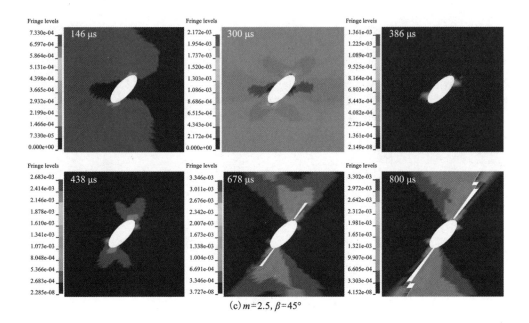

(c) $m=2.5,\ \beta=45°$

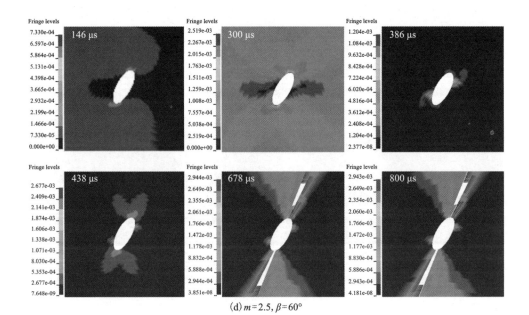

(d) $m=2.5,\ \beta=60°$

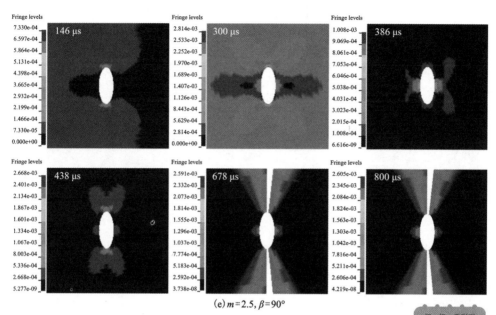

(e) $m=2.5$, $\beta=90°$

图 7-8　相同轴比不同倾角孔洞塑性变化分布演化图

提前，并且各倾角下压缩与拉伸应力波通过孔洞使产生的有效应
变位置均不同，倾角越大，压缩应力波通过时产生的应变值越大，
破坏位置与有效应变发生的位置一致，说明倾角的变化对孔洞周边岩石的破坏具
有重大影响。

　　根据图 7-7、图 7-8 塑性变化随时间的演变情况，存在的共同点为当压缩应
力波经过孔洞过程中，孔洞周边的有效应变随着压缩应力波的传播会使孔洞周边
岩体产生不同程度的应变，且存在的位置也会不同，该变化过程随着压缩应力波
初始到达孔洞有效压缩应变逐渐增大，到达最大应变后，有效压缩应变随着压缩
应力波离开孔洞而逐渐减小。伴随反射拉伸波的到来，有效拉伸应变又逐渐增
大，最后到达一个最大值，孔洞周边产生剧烈应变，从而发生塑性变形，此时岩
体破坏。从破坏位置及其有效应变的变化区域可以判定发生应变的区域受到了应
力集中的动态损伤，从而当净拉伸应力到来之后，在损伤过的部位产生首次破
坏，首次破坏位置说明了该位置为岩石中最为薄弱部分，而这一薄弱位置来源于压
缩应力波通过时产生的应力集中损伤及其孔洞倾角增大造成的岩石完整性减弱。

7.3.2　轴比对动态应力集中系数的影响

　　应力波通过椭圆孔洞时，孔洞周边的应力分布有着明显变化，特别在椭圆轴

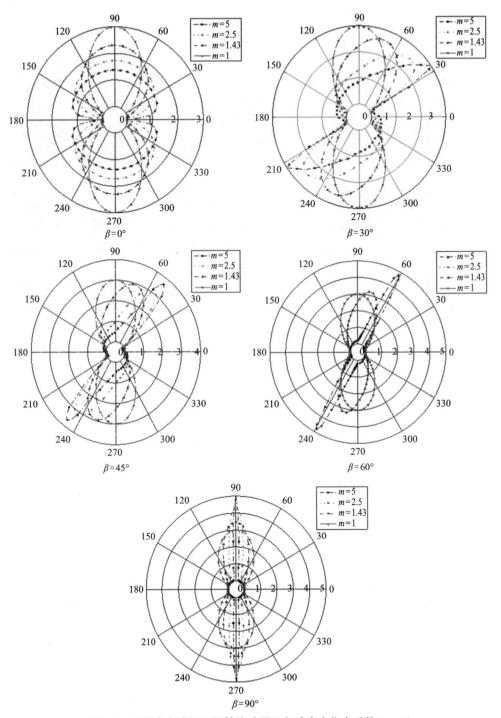

图 7-9　压缩应力波下不同轴比孔洞环向动应力集中系数($r=0$)

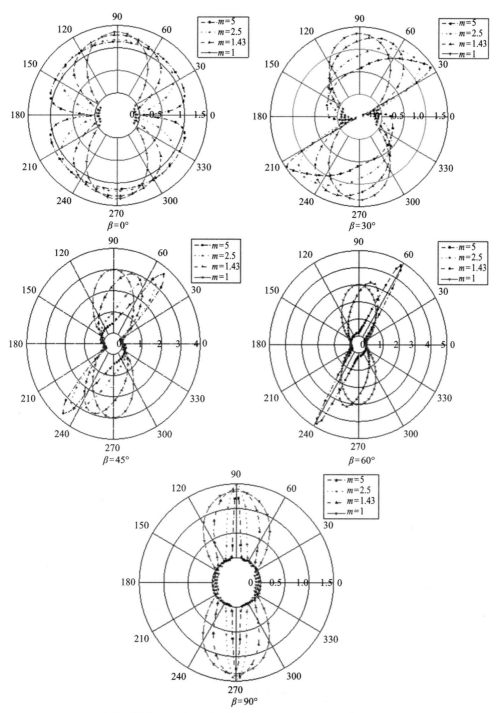

图 7-10　拉伸应力波下不同轴比孔洞环向动应力集中系数($r = 0$)

比发生改变时，应力集中情况更加突出。图 7-9、图 7-10 分别为当 $r=0$（即 $r_\theta = r_{\theta\theta}$）时压缩和拉伸应力波作用下相同倾角不同轴比孔洞周边环向动态应力集中系数的变化情况。图 7-11 为相同倾角最大动应力集中系数随轴比变化图。图 7-12 为不同轴比最大应力角度变化图。

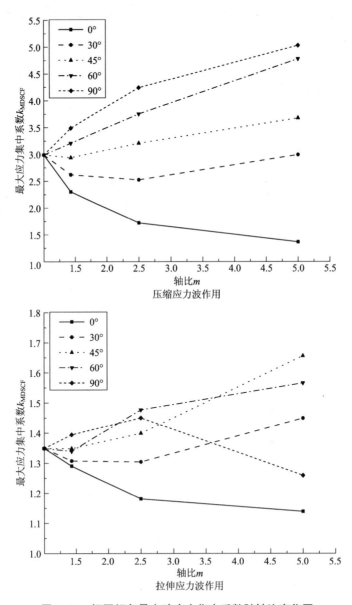

图 7-11　相同倾角最大动应力集中系数随轴比变化图

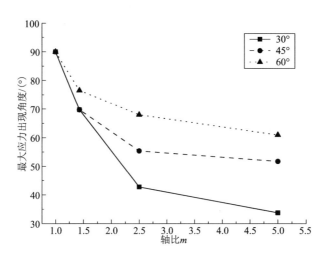

图 7-12　压缩应力波与拉伸应力波作用下不同轴比最大应力角度变化图

图 7-9、图 7-10 表现出两种应力波下孔洞边界动态应力集中分布相近，呈对称形式分布，同一倾角下，轴比为影响应力集中分布的主要因素，但最小应力均发生在 $\theta = 0°$ 附近，最大应力会随着轴比 m 的改变发生相应变化，且压缩应力波作用下的应力集中强度明显高于拉伸应力波的作用。图 7-11 表明在压缩应力波作用下最小倾角与最大倾角的最大动态应力集中系数随轴比增长呈现半椭圆形式变化，且各倾角下 k_{DSCF} 变化发生在该范围内，而当入射波反射为拉伸应力波时，最大应力集中变化趋势接近于压缩应力波情况，区别在于倾角 β 越大，随轴比增长 k_{DSCF} 呈现出先增大后减小的变化，不同于压缩应力波作用下的逐渐增长。图 7-12 表明压缩应力波与拉伸应力波作用下各倾角最大应力集中出现的角度均一致，且随着轴比增大，最大应力集中出现的角度与孔洞倾角越来越接近。

7.3.3　倾角对动态应力集中系数的影响

上一节表明轴比对于孔洞周边动态应力集中系数具有重要影响，本节基于轴比一定的情况，对应力集中系数在各孔洞倾角下的影响程度进行对比分析。图 7-13、图 7-14 为压缩和拉伸应力波下相同轴比不同倾角 $r = 0$（即 $r_{\theta} = r_{\theta\theta}$）时孔洞环向动应力集中系数的变化图。图 7-15 为相同轴比下动应力集中系数随孔洞倾角变化图。图 7-16 为不同倾角下最大应力角度变化图，图中表明压缩应力波与拉伸应力波作用下最大应力集中出现的角度均一致，由变化趋势可以得知，各轴比下在 0°~90° 范围内，峰值应力出现的角度均随孔洞倾角的增大呈现先减小后增大的变化，且轴比越大，凹陷现象越明显，最大应力集中出现的角度与孔洞倾角越来越接近，与上一节所述应力峰值出现角度更加接近孔洞倾角相一致。

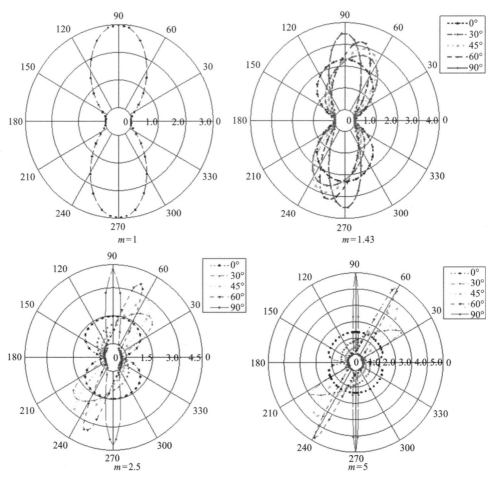

图7-13 压缩应力波下相同轴比不同倾角孔洞环向动应力集中系数($r=0$)

根据图7-13~图7-16，各轴比下动态应力集中系数随倾角变化趋势做如下详细描述：

当轴比 $m=1$ 时，最大应力出现的角度均为 $90°$，k_{CMDSCF}（最大压应力集中系数）是 k_{TMDSCF}（最大拉应力集中系数）的 2.22 倍。当轴比 $m≠1$ 时，同一轴比下的椭圆孔洞，随倾角增加，应力分布由最初关于 y 轴对称变化为中心对称，最后在 $β=90°$ 处，分布又以 y 轴对称，压缩应力波相较拉伸应力波形成的应力集中变化范围较大。

$m=1.43$ 和 $m=2.5$ 的情况下，随着倾角的逐渐增大，压缩应力波下 k_{CMDSCF}

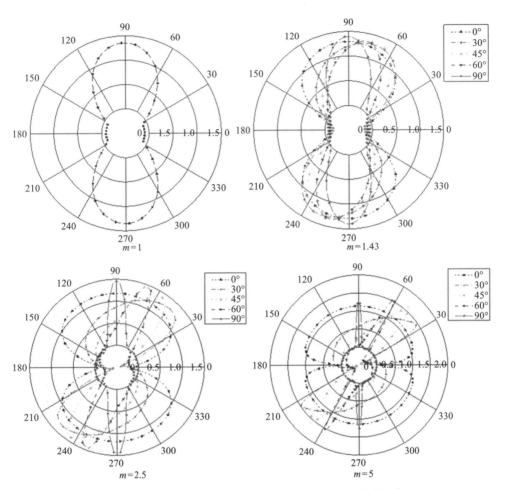

图 7-14　拉伸应力波下相同轴比不同倾角孔洞环向动应力集中系数($r=0$)

呈现近似于线性增长,高轴比下的线性速率高于低轴比。拉伸应力波下的 k_{TMDSCF} 随倾角增大浮动较大,

　　$m=5$ 时,随着孔洞倾角的增大,压缩应力波下 k_{CMDSCF} 在 $\beta=60°$ 前后增长速率发生明显变化,前期 k_{CMDSCF} 呈现快速增长,后期会随之平缓,增长幅度不大。拉伸应力波作用下 k_{TMDSCF} 出现了迅速降低的情况,在 45°左右出现最大值,45°之前最大应力集中迅猛增长,增长速率相较其他轴比大,45°之后最大应力集中出现降低趋势,最后在 $\beta=90°$ 时达到最小值,同轴比下,随着倾角的增加,垂直于应力波方向的空区逐渐增大,此时缺陷岩体存在的薄弱面越来越大,因此薄弱面的增加同时也就促进了破坏的发生。

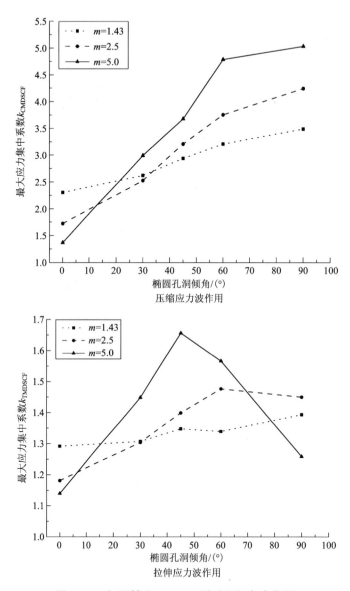

图 7-15 相同轴比下 DSCF 随孔洞倾角变化图

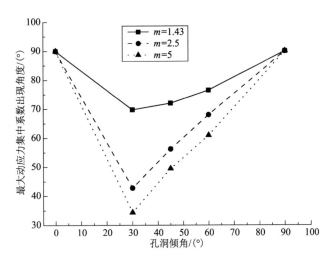

图 7-16　压缩应力波与拉伸应力波作用下不同倾角最大应力角度变化图

7.4　预制双椭圆孔长杆层裂实验

7.4.1　实验准备

　　岩杆加工制成横截面为 35 mm×35 mm，长度为不小于 λ/2 的长方体试样，这里为了试验的精度，特将长度制作为 650 mm。实验前需将长方体六个表面使用细砂布进行仔细手工打磨，使其端面不垂直度和不平行度均在 0.02 mm 以内。另外考虑到试样边长只有 35 mm，因此孔洞长轴固定为 10 mm，设计短轴分别为 2 mm、4 mm、7 mm，对应的轴比分别为 $m=5$、$m=2.5$、$m=1.43$。设计孔洞倾角 β 为长轴方向与入射波加载方向之间的夹角，各轴比下设置五种倾角的椭圆孔洞试样，取 $\beta=0°$、$\beta=30°$、$\beta=45°$、$\beta=60°$、$\beta=90°$。图 7-17 为试验加载系统及试样布置示意图。

7.4.2　试验结果及分析

　　实验总体分为两个部分进行：0.35 MPa 低气压下所对应不同轴比及倾角的冲击试样；0.5 MPa 较高气压下对应不同轴比及倾角的冲击试样。0.35 MPa 气压和 0.5 MPa 气压所形成的试验破坏情况结果见图 7-18 和图 7-19。对应的试样过程均设定入射应力波刚进入试样左端面时为时间记录零点。

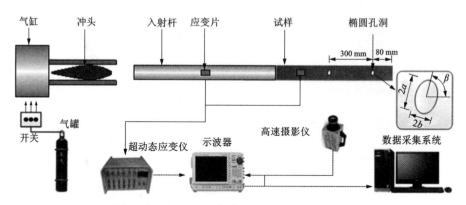

图 7-17　霍普金森压杆(SHPB)装置试验加载系统及试样布置示意图

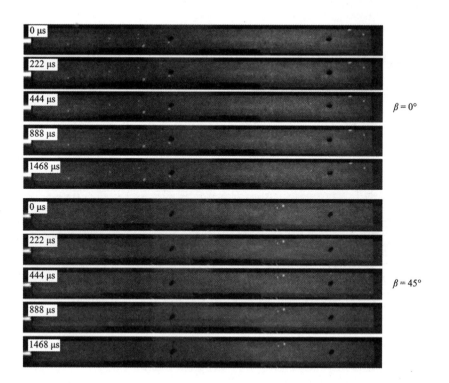

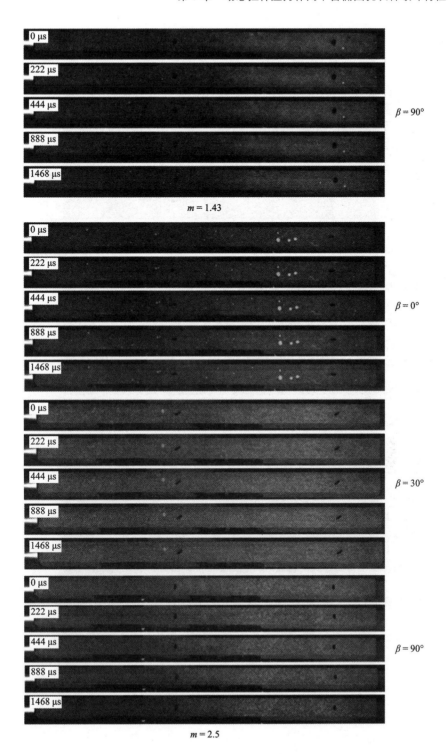

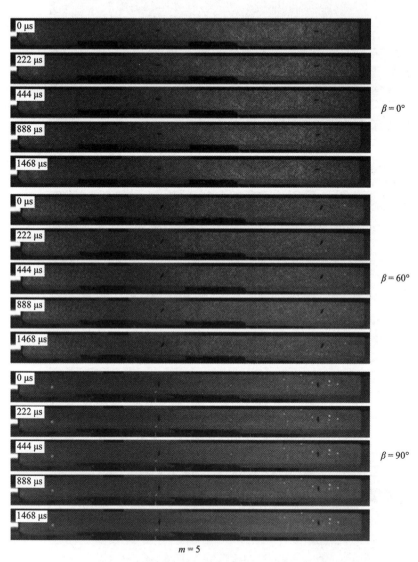

$m = 5$

图 7-18　0.35 MPa 恒定气压下不同椭圆轴比及不同倾角的破坏情况

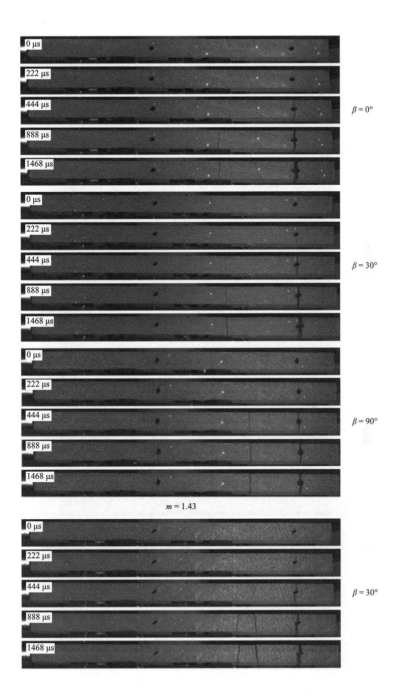

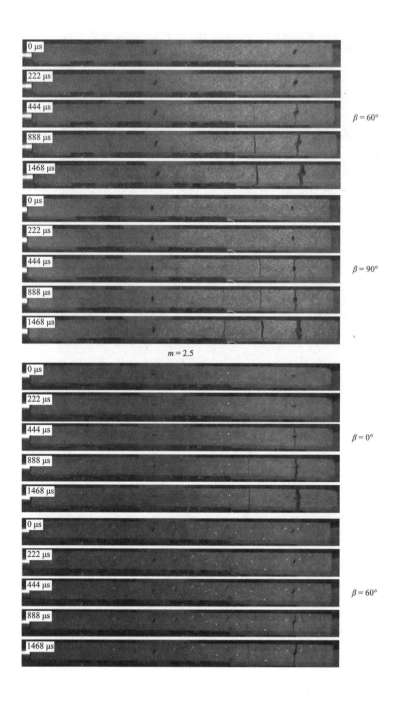

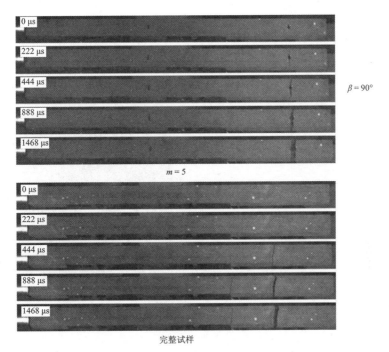

图 7-19　0.5 MPa 恒定气压下不同椭圆轴比及不同倾角的破坏情况

由图 7-19 可知，岩石在缺陷孔洞处均产生裂纹最终发生破坏，并且离自由面较近处的缺陷孔洞首先产生裂纹。在两孔洞之间也可能会产生一层或多层层裂，相对比完整试样的层裂厚度，其相对于原有自由面的厚度均大于完整试样产生的厚度，也就是缺陷孔洞的存在改变了层裂发生的位置。另外，相同轴比下，随着倾角的增大，远离自由面的缺陷产生的裂纹明显提前，这与之前所得结果一致。

7.5　动力作用下双椭圆孔洞层裂模拟

7.5.1　数值模型建立

建模过程采用国际单位制与原试验系统按照 1：1 比例进行，单元选用 3D-Solid164，模型以 Z 轴方向为中心轴，模型构建及孔洞附近网格如图 7-20 所示。

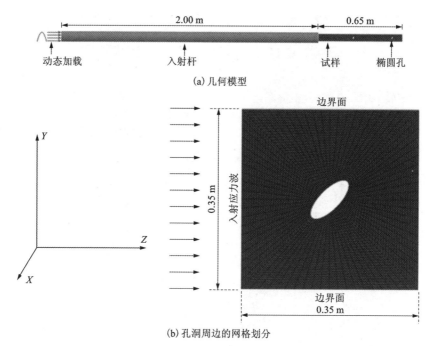

(a) 几何模型

(b) 孔洞周边的网格划分

图 7-20 整体模型构建及孔洞附近网格

7.5.2 模型验证

使用所选材料模型及岩石物理力学参数进行模拟计算,将所得模拟结果与试验结果进行对比分析,从而验证该材料模型选取的正确性。验证过程选用低气压下岩石的冲击破坏,试验中入射杆所测得的应力时间与模拟的对比如图 7-21 所示。图 7-22 为在低气压下的层裂破坏与相同模拟状态下的破坏模式对比。

由图 7-21 可知,模拟得到的应力-时间曲线的趋势与实验基本一致,但由于实验系统误差,在实验开始和结束时略有差异,这些差异对于试验与模拟的结果影响较小,可以忽略。此外,根据图 7-22 岩石破坏模式与试验结果基本一致,说明材料模型和数值方法适用于模拟岩石的层裂过程。综合以上比较分析,所选材料模型可以进行试验过程缺陷红砂岩的层裂模拟,下一节将使用上述验证的模型用于不同动力荷载对不同倾角下椭圆孔洞缺陷的数值模拟。

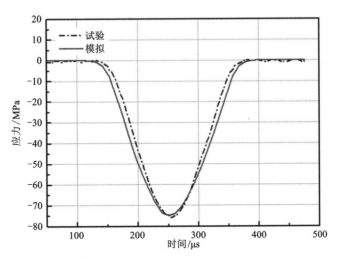

图 7-21　实验和数值模拟在入射杆的应力−时间关系对比分析

图 7-22　模拟与试验破坏模式对比

7.6　数值模拟结果与分析

7.6.1　入射波振幅影响

　　本节主要讨论入射应力波的振幅大小对缺陷试样层裂的影响情况,并更为清楚地了解孔洞周边损伤的原因。本次固定入射应力波的波长 λ,而同一岩石材料下,波长与周期成正比,因此在进行应力波加载时,固定持续时间为 225 μs,设定不同的应力幅值分别为 10 MPa、20 MPa 和 30 MPa,加载曲线如图 7-23 所示。

　　通过数值计算,将同一应力波幅值下带有不同倾角椭圆的岩石层裂塑性云图进行比较,图 7-24 为椭圆孔洞轴比 $m=2.5$ 下不同入射应力波振幅在同一时间 $t=500$ μs 的层裂塑性变化云图。

　　为了探究不同倾角下椭圆孔洞受拉伸应力集中的影响程度,特别以左边椭圆

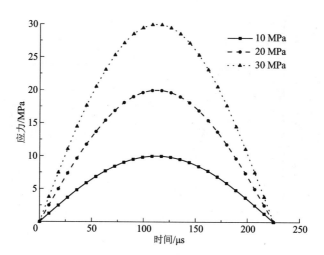

图 7-23   相同波长不同振幅的入射应力波

孔洞作为对象,进行拉伸应力集中系数的计算分析。图 7-25 为不同幅值入射应力波在远离自由面处孔洞的拉伸应力集中系数,图 7-26(a) 为刚性材料受 $\sigma_m = 25$ MPa 时最大拉伸应力集中系数随角度的变化趋势,图 7-26(b) 为岩石类材料在不同振幅应力波下最大拉伸应力集中系数变化趋势。

在得知椭圆孔洞周边应力集中强度的变化情况后,可以明确知道椭圆孔洞周边产生的塑性破坏与应力集中产生的最大拉伸应力有关。因此在判断右边孔洞随着幅值的增大而破坏的原因时,可以通过捕捉椭圆孔洞环向最大应力位置进行分析比较,从而能深入了解右边孔洞的损伤破坏原因。

同一倾角下,应力波幅值越小,在椭圆孔洞环向形成的最大应力时间图持续时间较长,所形成的应力峰值较小,而且其应力跃升较缓慢,此时对应的孔洞并没有发生任何塑性损伤(如倾角为 30° 时,$\sigma_m = 10$ MPa、$\sigma_m = 200$ MPa)。随着应力波峰值的加大,反射拉伸波跃升斜率明显增大,应力以较高速率上升,达到损伤应力的时间提前,所形成的最大应力时间图持续时间减短,对应该孔洞的塑性云图,此时孔洞发生损伤破坏(如倾角为 30° 时,$\sigma_m = 30$ MPa)。对比不同倾角下同一幅值的应力跃升情况,可以发现,拉伸应力的跃升斜率随着角度的增长明显增加,应力整体持续时间逐渐降低,倾角越大,在孔洞环向发生的最大压缩应力值也会越大,同时在拉伸应力跃升过程中发生损伤破坏的时间提前,并且所需拉伸破坏的应力集中有所降低。

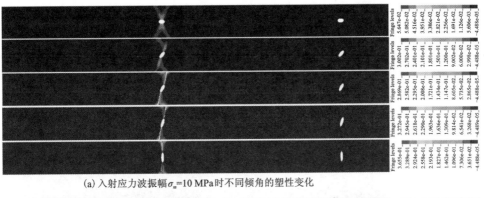

(a) 入射应力波振幅σ_m=10 MPa时不同倾角的塑性变化

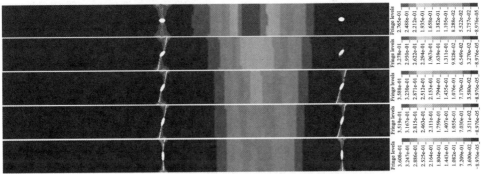

(b) 入射应力波振幅σ_m=20 MPa时不同倾角的塑性变化

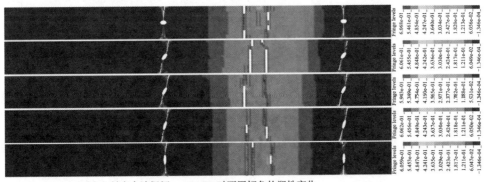

(c) 入射应力波振幅σ_m=30 MPa时不同倾角的塑性变化

图 7-24　轴比 m = 2.5 下不同入射应力波振幅在同一时间(t = 500 μs)的层裂塑性变化云图

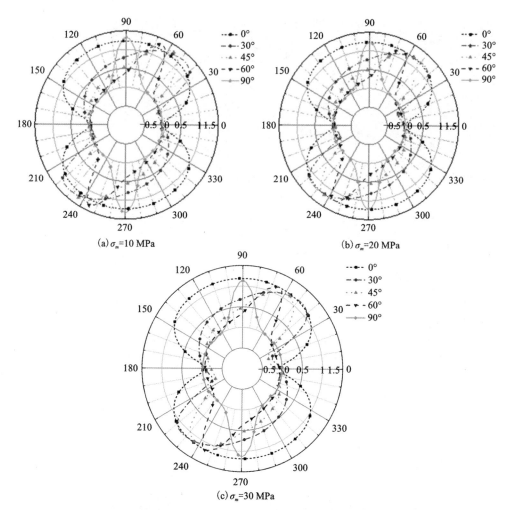

(a) σ_m=10 MPa

(b) σ_m=20 MPa

(c) σ_m=30 MPa

图 7-25 不同幅值入射应力波在远离自由面处孔洞的拉伸应力集中系数

7.6.2 入射波波长影响

本节研究在同一幅值下不同波长这一因素对椭圆长杆岩石材料的损伤情况。在同一材料中，波长的大小取决于应力波的周期。由于 $\sigma_m = 20$ MPa 的应力峰值位于试验低气压与高气压所形成的应力峰值之间，因此，选用振幅 $\sigma_m = 20$ MPa 作为固定值。加载时间分别为 150 μs、225 μs 和 300 μs。入射半正弦荷载曲线如图 7-27。

同样地，对三种不同周期作用下缺陷长杆进行损伤破坏比较，图 7-28 分别

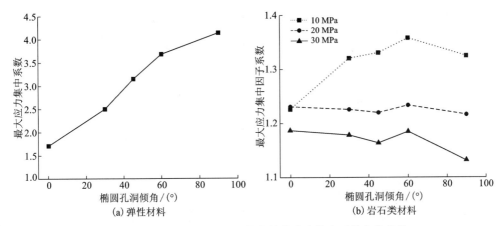

图 7-26　不同振幅应力波下最大拉伸应力集中系数变化趋势

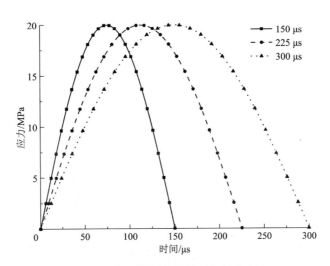

图 7-27　相同振幅不同波长入射应力波

展示了不同持续时间在同一倾角下的塑性云图。

　　由图可以得知，持续时间的改变不会影响各倾角周边的应力集中变化趋势。同一倾角下，伴随持续时间的增大，接近于最大应力集中位置将会产生明显差异，其余位置不会有太大的变化。总体上，应力波的持续时间对孔洞周边的应力集中会有一定影响，并且缺陷材料的损伤程度也与孔洞的倾角有一定的关联。

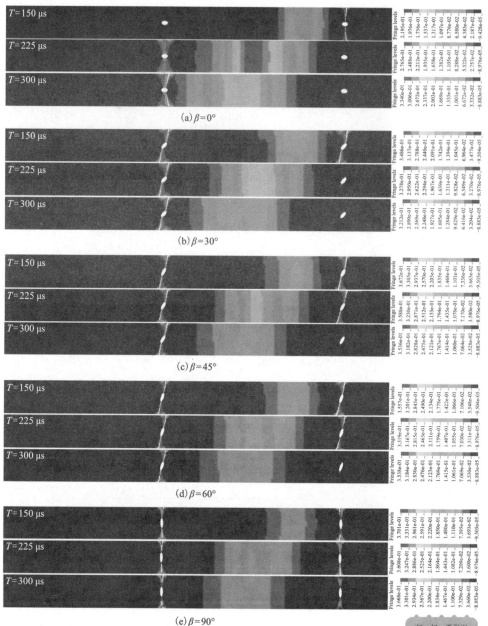

图 7-28　同一振幅不同持续时间对相同倾角的层裂塑性对比图($t = 500$ μs)

扫一扫，看彩图

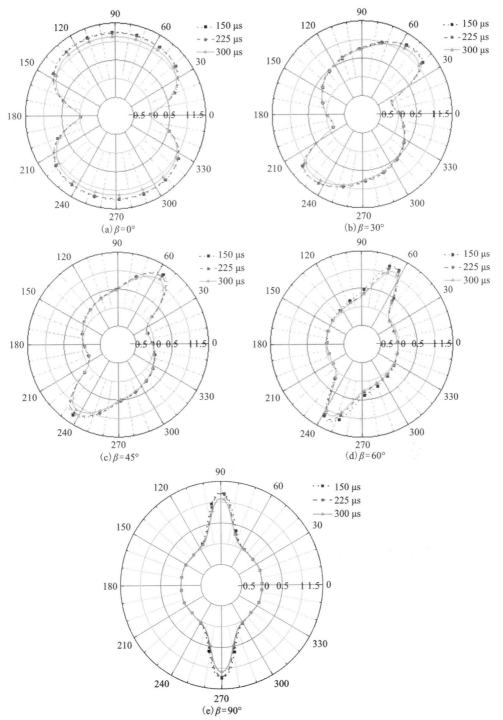

图 7-29 不同持续时间应力波在远离自由面处孔洞的拉伸应力集中系数

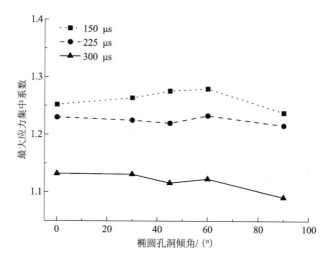

图 7-30　不同振幅应力波下最大拉伸应力集中系数的变化

　　不同的持续时间也引起了材料不同程度的损伤破坏，尤其对于右端椭圆孔洞的影响最大，从图 7-28 不同持续时间下的塑性云图可以了解到入射波的周期越短，右端孔洞的破坏越严重，随着周期的增长，倾角成为一个影响其损伤程度的重要因素。

7.7　本章小结

　　本章分别采用实验和数值模拟的方法，研究了含单个和两个椭圆孔的杆状砂岩在动态冲击作用下的破坏特性。实验和数值模拟结果表明，不同孔洞情况下的破坏点均发生在最大应力集中处，根据孔洞周边压缩应力波产生的塑性应变分布与应力集中情况比较，压缩应力波在孔洞周边形成的应力集中越大，拉伸应力波到来时所形成的应力集中降低越明显，并且孔洞周边产生的断裂也明显提前，由于压缩强度远远大于拉伸强度，因此该损伤不足以单独造成孔洞岩体断裂，而拉伸应力波到来时，拉伸应力集中形成的位置与压缩应力波重合，此时起主要作用的拉伸应力集中对缺陷孔洞将造成断裂塑性破坏。

　　对于含双孔的长杆试样，动态冲击引起的层裂现象与椭圆孔洞的位置具有密切联系。通过低气压和高气压试验的结果，可以得知相对于低气压作用下的应力波，气压越大，应力波在相同位置椭圆孔洞产生的损伤越明显。模拟过程利用改变幅值及波长的方法来表现不同入射应力波对不同位置处预制椭圆孔洞的影响，结果表明幅值及波长的改变均对缺陷材料的层裂破坏具有重要作用。同一波长下，应力波幅值较低时，离自由面较近的孔洞由于应力叠加作用较大，拉伸应力波对其影响较小，当改变应力波波长时，层裂现象也会有所改变。离自由面较近的椭圆孔洞发生损伤破坏主要也与拉伸应力波的跃升速率及持续时间有较大的关联，随着波长的增大，跃升速率逐渐降低，此时产生损伤破坏主要取决于椭圆孔洞的倾角。远离自由面的孔洞所产生的损伤取决于拉伸应力集中的程度，并且应力波的波长越大，相同位置破坏时产生的应力集中强度会明显降低。通过加载不同振幅及波长的应力波，总体上为工程中带有缺陷的岩体受到不同入射波作用时产生的损伤差异提供了研究依据。

参考文献

[1] 戚承志, 钱七虎. 岩石等脆性材料动力强度依赖应变率的物理机制[J]. 岩石力学与工程学报, 2003, 22(2): 177-181.

[2] Tao Ming, Ma Ao, Peng Kang, et al. Fracture Evaluation and Dynamic Stress Concentration of Granite Specimens Containing Elliptic Cavity under Dynamic Loading[J]. Energies, 2019, 12 (18): 3441.

[3] Li Xibing, Zou Yang, Zhou Zilong. Numerical simulation of the rock SHPB test with a special shape striker based on the discrete element method[J]. Rock Mechanics and Rock Engineering, 2014, 47(5): 1693-1709.

[4] Liu Zenghui, Du Changlong, Jiang Hongxiang, et al. Analysis of roadheader for breaking rock containing holes under confining pressures[J]. Energies, 2017, 10(8): 1154.

[5] Peng Kang, Zhou Jiaqi, Zou Quanle, et al. Effects of stress lower limit during cyclic loading and unloading on deformation characteristics of sandstones[J]. Construction and Building Materials, 2019, 217: 202-215.

[6] Xia Kaiwen, Yao Wei. Dynamic rock tests using split Hopkinson (Kolsky) bar system-A review [J]. Journal of Rock Mechanics and Geotechnical Engineering, 2015, 7(1): 27-59.

[7] Li Xibing, Tao Ming, Wu Chengqing, et al. Spalling strength of rock under different static pre-confining pressures[J]. International Journal of Impact Engineering, 2017, 99: 69-74.

[8] Guo Jinshuai, Ma Liqiang, Wang Ye, et al. Hanging wall pressure relief mechanism of horizontal section top-coal caving face and its application—a case study of the Urumqi coalfield, China[J]. Energies, 2017, 10(9): 1371.

[9] Tao Ming, Li Xibing, Li Diyuan. Rock failure induced by dynamic unloading under 3D stress state[J]. Theoretical and Applied Fracture Mechanics, 2013, 65: 47-54.

[10] Tao Ming, Zhao Huatao, Li Xibing, et al. Failure characteristics and stress distribution of pre-stressed rock specimen with circular cavity subjected to dynamic loading[J]. Tunnelling and Underground Space Technology, 2018, 81: 1-15.

[11] Peng Kang, Liu Zhaopeng, Zou Quanle, et al. Static and dynamic mechanical properties of granite from various burial depths[J]. Rock Mechanics and Rock Engineering, 2019, 52(10): 3545-3566.

[12] 陶明. 高应力岩体的动态加卸荷扰动特征与动力学机理研究[D]. 长沙：中南大学, 2013.

[13] Pao Y H, Mow C C, Achenbach J D. Diffraction of Elastic Waves and Dynamic Stress Concentrations[J]. Journal of Applied Mechanics, 1973, 40(4): 213-219.

[14] 鲍亦兴, 毛昭宙, 刘殿魁, 等. 弹性波的衍射与动应力集中[M]. 北京：科学出版社, 1993.